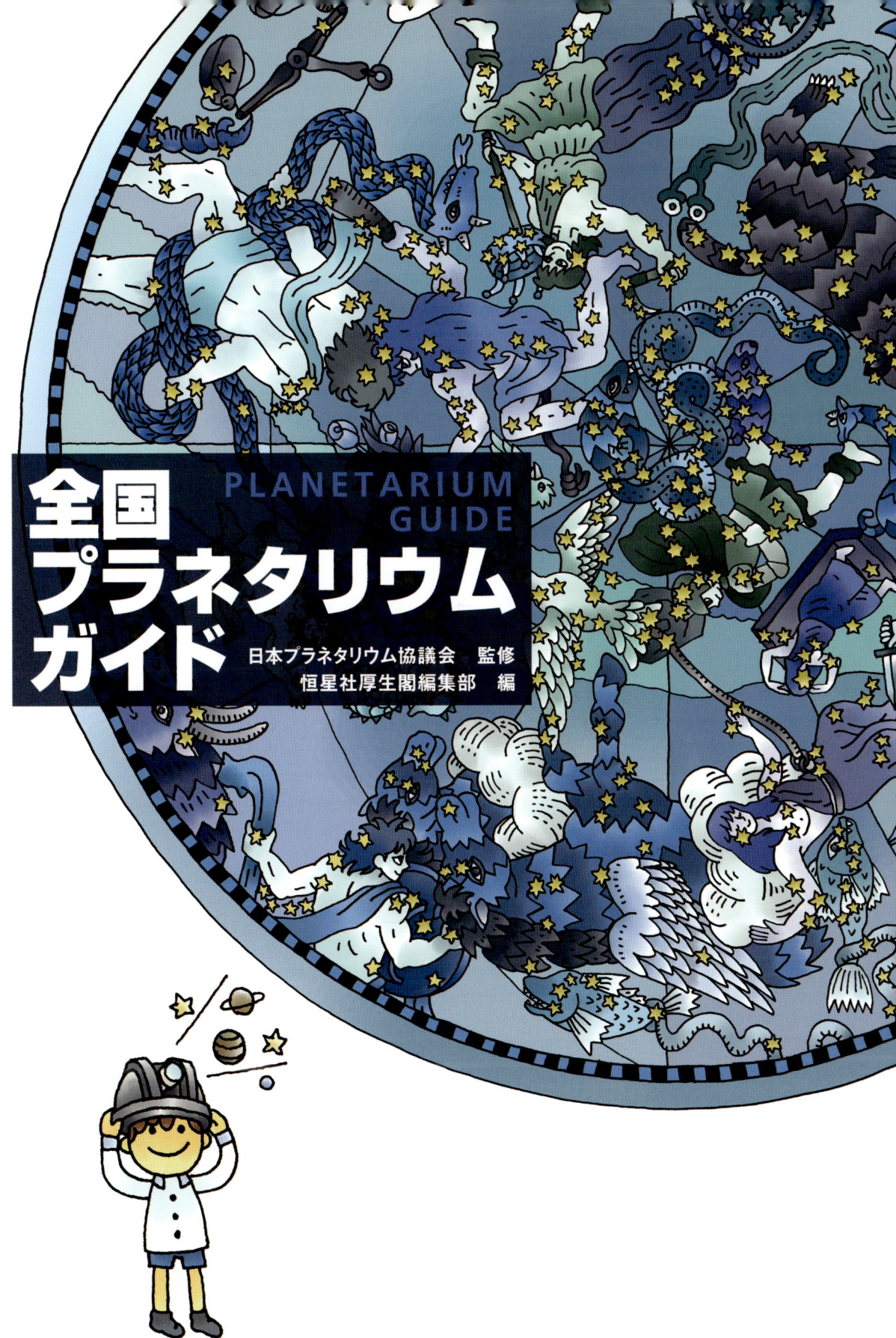

全国プラネタリウムガイド

PLANETARIUM GUIDE

日本プラネタリウム協議会　監修
恒星社厚生閣編集部　編

恒星社厚生閣

幻想プラネタリュウム

松本零士
Matsumoto Reiji

まつもと・れいじ
宝塚大学教授、京都産業大学客員教授、デジタルハリウッド大学特任教授を歴任。漫画家の牧美也子と24歳で結婚。代表作に『銀河鉄道999』など。SF漫画作家として知られるが、少女漫画、戦争もの、動物ものなど様々なジャンルの漫画を描いている。アニメ製作にも積極的に関わり、1970年代半ばから1980年代にかけては松本アニメブームを巻き起こした。旭日小綬章、紫綬褒章、フランス芸術文化勲章シュヴァリエ受章、また2013年にキューバ共和国大使館よりディプロマを贈呈される。

プラネタリュウムは、宇宙と星の海、その星に生きる宇宙生命体、宇宙人への少年の日の大きな夢だった。

私たちの世代には、プラネタリュウムとは未来の夢で、ついに少年の日々に出会う機会は無かった。

しかし、どこでプラネタリュウムへ入ることが出来たのか、正確には記憶に無いが、その時、星の海に入った、大宇宙に浮かんだ自分の思い出は、夢のユートピアに浮かぶ、宇宙人に自分がなったような、壮大で夢見た夢の現実に出会ったような激感だったのは忘れる事は出来ない。

現在は、至る所にプラネタリュウムの新しい世界が広がり、遠からず3D、立体の宇宙全体に自分が取り囲まれたように見える、そういう世界が出来ると信じている。

音のある世界と、無音の世界、生命の存在する星と、無人、無生物、あるいは絶滅した惑星の文化遺跡など、そういった物体、環境を体験できる、新しいプラネタリュウムが造られると確信している。

ひとつの夢としては、それを、この自分自身で造りたいというのが、永遠に変わらぬ己の夢である。

時間は流れる、この地球の大地も海も激変を迎える時期に迫っていると思うと、そういう世界をも、プラネタリュウム内の空間で体験出来る場面情景を造りたいという夢に捕われて、日常を星の海の天空を見上げて生きているのです。

どうか誰か、どなたか、そういったプラネタリュウムを造って下さい。願わくば、ご一緒に建造出来れば思い残す事はありません。

プラネタリュウムは、地球の未来を考えさせてくれる大切な星の海の世界です。

すばらしい物が更に造られるよう願っています。

星はカラフル☆

篠原ともえ
Shinohara Tomoe

星はカラフル☆
わたしがそう思ったのは小学生の時でした。10歳の頃、星をよく眺めていたわたしに両親が双眼鏡をくれたのです。

楽しみにさっそく夜空を覗いてみると…普段、肉眼で見ていた輝き以上の星が集まっていて、自分だけの星の秘密を見つけたような感覚になりました。

そして夢中になったのが「星の色」です。ベテルギウスは赤★リゲルは青白☆など、星には人間の個性のように色を持っていることに魅せられました。

星の魅力をもっと知りたいわたしは、近所のプラネタリウムへ通います。

夜空をキャンバスに動き出すギリシャ神話の華やかな衣装や見たこともない世界…!

プラネタリウムならではのくっきりと色づいたカラフルな星たちに子供のわたしは心ときめきました。

そんな輝きたちが大好きなわたしは天文宇宙検定&星空準ソムリエを取得し、宙ガールとしてプラネタリウム解説もさせていただいています。

わたしはこれからもずっとずっとカラフルな星空に夢中でしょう☆

わたしは、いつか星が大好きなみなさんへ篠原ともえのイラストレーションで星空の物語を届けるのが夢です。

しのはら・ともえ
1995年歌手デビュー。個性的なキャラクターと独自の「シノラー」ファッションを生み出し、ティーンの女子のアイコン的存在に。タレント、女優、ナレーター、衣装デザイナーなど多彩な才能を開花させる。天文や宇宙の知識を問う「天文宇宙検定」3級・星空博士や星空案内人・準ソムリエの資格を取得。書籍『星の教科書』も出版し、「宙(そら)ガール」としても注目を集める。松任谷由実コンサートツアー 2013-2014 "POP CLASSICO" 衣装デザイナー。デザインアソシエーションNPO理事。

広がるプラネタリウムの楽しみ

雲や木々の隙間から光る星々を再現

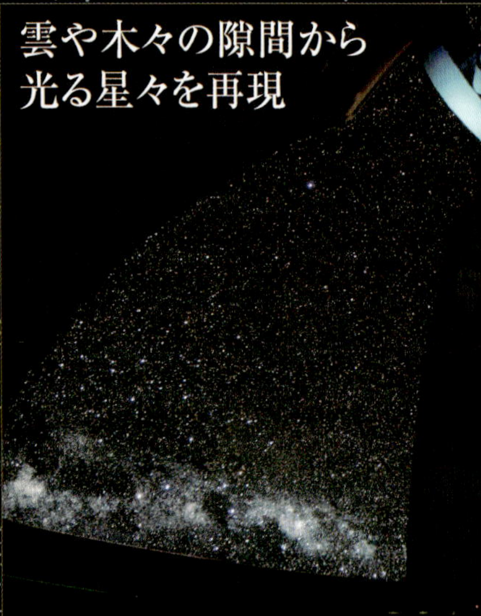

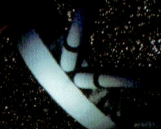

MEGASTAR-III FUSION かわさき宙と緑の科学館

プラネタリウム・クリエーターの大平貴之氏が幼少期から通った地元の科学館に、自ら開発した最新システムを設置。MEGASTAR-IIIはシリーズ最上位機種。FUSIONシステムは光学式の星とデジタル映像をシームレスに融合させた革新的な投影方式で、映像に重なった部分の光学式の星を消すことが可能に。雲や木々の隙間から見え隠れする星々がキラッと輝く様子など、これまで果たせなかった多彩でより繊細な演出が可能になりました。

画像提供：(株)アストロアーツ／星ナビ編集部

提供：(有)大平技研

家庭でもプラネタリウムを

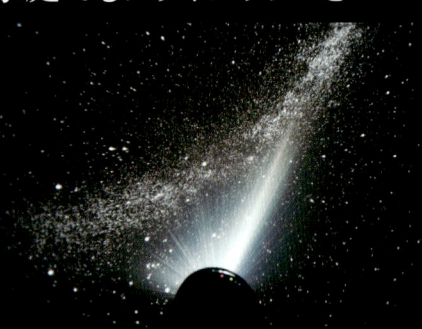

MEGASTAR開発者の大平貴之氏と共同開発した家庭用プラネタリウム「HOMESTAR Classic」は約6万個の星を投影する本格派。ご自宅でも簡単にプラネタリウムを楽しむことができます。

家庭用プラネタリウム
HOMESTAR
21st Century Home Planetarium

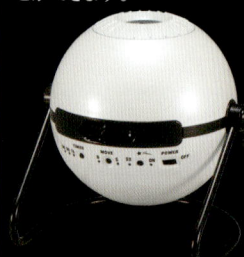

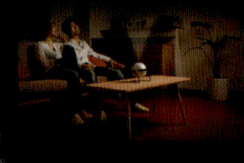

提供：(株)セガトイズ

プラネタリウムの後は天体望遠鏡で実際の星を！

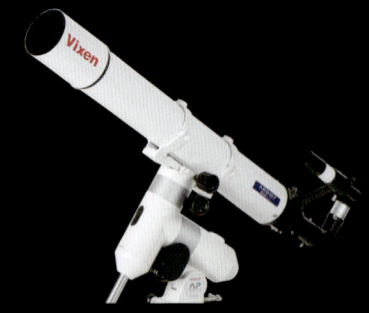

「APシリーズ」は、すっきりとしたデザインの新型天体望遠鏡。パーツの組み合わせで観測用の赤道儀から撮影用のフォトガイダーへ、あるいは経緯台にと形を変えることが可能です。

「アトレックライトBR6×30WP」は、女性やお子様にも使いやすい小さめサイズの本格双眼鏡。屋外での天体観測はもちろん、プラネタリウムで細かい星々を観る際にも役立ちます。

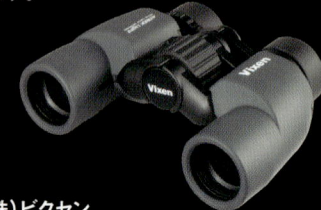

提供：(株)ビクセン

ドーム映像空間へと進化をとげる最新のプラネタリウム

迫力の映像シーン

光学式プラネタリウム

最新のプラネタリウムでは、光学式プラネタリウムによる美しい星空のほかに、全天周映像投映システムで投映する大迫力の映像とサラウンドシステムの立体音響が、ロケット発射などのダイナミックなシーンを臨場感たっぷりに再現します。また、星空と映像を同時に投映することで、ホタルが飛び交う森の中で星を見上げるといった幻想的なシーンも、つくり出せます。いまやプラネタリウムは、ドーム映像空間へと進化しているのです。

提供：コニカミノルタプラネタリウム（株）

1億個を超える星々と高精細映像で夢の空間を再現

四日市市立博物館
ケイロン４〇１・ハイブリッド

2015年3月にリニューアルOPENした四日市市立博物館（三重県四日市市）は、1億個を超える星空と、e-shiftによる全天8k映像、四日市市のコンビナートの夜景を投映するビデオスカイラインなど、現在の最新の技術が集められた夢の空間です。まるで、四日市上空にある宇宙港から地球を見下しているかのよう。空気や光害に邪魔をされない、宇宙空間から眺めた究極の美しい星空を是非、貴方も体験してください。

提供：（株）五藤光学研究所

「銀河鉄道の夜」を楽しんで下さい

「銀河鉄道の夜」（２００６年KAGAYAスタジオ制作）は観覧者数100万人を超え、国産の全天映像作品としては異例の大ヒットとなりました。それまで日本ではあまり見られなかったドーム映像の配給が初めて本格的に行われ、全国100館を超えるプラネタリウムで上映されたのです。また、これを機にプラネタリウムのデジタル化が一気に加速しました。各国語に翻訳され海外でも上映されています。

提供：KAGAYA

来館を待っています。
キャラクター紹介

フロロ／ビッチョ／アラス
「横浜こども科学館」

カガクスキー
「山梨県立科学館」

キララちゃん
「上天草市立
ミューイ天文台」

コロッ・クル
「旭川市科学館 サイパル」

しろぽ
「三重県立
みえこどもの城」

あきちゃん
「秋田県児童会館 みらいあ」

ほしほっしーくん
「埼玉県立名栗げんきプラザ」

きみカメ
「千葉県立
君津亀山少年自然の家」

かいじくん
「厚岸町海事記念館」

ノブ
「秋田ふるさと村
星空探険館スペーシア」

かめ子／かめ吉
「ディスカバリーパーク焼津
天文科学館」

かわさきぷりん
「かわさき宙と緑の科学館」

ピコ／ピピ
「伊勢原市立子ども科学館」

星博士
「大塔コスミックパーク
星のくに」

太陽くん
「長生村文化会館」

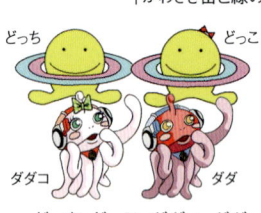
どっち、どっこ、ダダコ、ダダ
「八戸市視聴覚センター・
八戸市児童科学館」

もーりす
「札幌もいわ山
ロープウェイ」

こかぽう
「盛岡市子ども科学館」

かがくくん
「帯広市児童会館」

メガットくん
「東大和市立郷土博物館」

スターリー
「プラネタリウム
スターリーカフェ」
© play set products/TIAT

いしがみ君
「銚子市青少年文化会館」

科学戦隊サイエンジャー
「札幌市青少年科学館」

プラネくん
「仙台市天文台」

軌道星隊シゴセンジャーと
ブラック星博士
「明石市立天文科学館」

ちたま君
「豊橋市視聴覚教育センター」

きらら
「プラネタリウム
ドーム中里き☆ら○ら」
（新潟県十日町市）

テクノつく丸
「つくばエキスポセンター」
©（公財）つくば科学万博記念財団

プラネくん
「前橋市
児童文化センター」

はこくん／さとちゃん
「三島市立箱根の里」

プララちゃん
「京都市青少年科学センター」

なぞのうちゅうじん モリモリ
「コニカミノルタサイエンスドーム」
（東京都八王子市）

科学戦隊さいレンジャー
「さいたま市青少年宇宙科学館」

ウエルカムロボット ハロ
「釧路市こども遊学館」

ホッシーくん
「星の文化館」
（福岡県八女市）

あすたむ
「徳島県立あすたむらんど」

おむタン
「大牟田文化会館」

くるめっとくん
「福岡県青少年科学館」

ピカタン
「八ヶ岳自然文化園」

びわっちくん
「ラフォーレ琵琶湖
デジタルスタードーム ほたる」

すばるくん
「すばるホール」
（大阪府富田林市）

はかせ
「長野市立博物館」

エンゼルナ／ミーニャン
「郡山市ふれあい科学館」
©松本零士／郡山市

ヒラメキン（左）／未来君（中）／
テレスターちゃん（右）
「佐世保市少年科学館」

ももりん
「福島市子ども
夢を育む施設
こむこむ館」

テンピー
「島根県立
三瓶自然館サヒメル」

プラネ太郎
「安城市文化センター」

宇宙人サンダー君
「コスモアイル羽咋」

ひょんたん
「伊丹市立
こども文化科学館」

トントン
「国立立山
青少年自然の家」

テテ／ララ／ロボ
「にしわき経緯度地球科学
テラ・ドーム」

アイちゃん
「鹿児島市立科学館」

キュート
「姫路科学館」

うしこ
「静岡県立
朝霧野外活動センター」

くしりん
「上越清里星の
ふるさと館」

輝夜（かぐや）くん
「向日市天文館」

ゴジゴジくん
「池田市立
五月山児童文化センター」

ハバタッキー
「夢と学びの科学体験館」
（愛知県刈谷市）

シリウス君
「北九州市立児童文化科学館」

しーちゃん／ロイ君／なし坊
「白井市文化センター・
プラネタリウム」

ペガロク
「多摩六都科学館」
©ドワーフ／多摩六都科

日本はプラネタリウム先進国

国別プラネタリウム設置数

国　名	設置数	割合(%)
アメリカ	1438	39
日本	391	11
中華人民共和国	327	9
フランス	166	5
イタリア	146	4
ドイツ	106	3
ロシア	98	3
イギリス	82	2
中華民国	73	2
韓国	64	2
その他	748	20
合計	3639	100

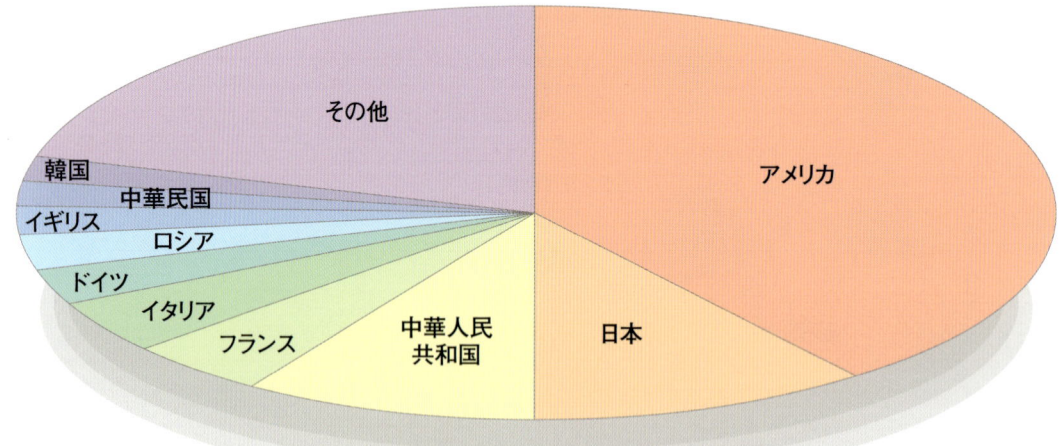

参考資料:IPSディレクトリー(2014)

ドームの大きさ比較

1位	名古屋市科学館	35m
2位	愛媛県総合科学博物館	30m
	中国科学技術館(北京市)	30m
4位	多摩六都科学館	27.5m
5位	姫路科学館	27m
	宮崎科学技術館	27m
7位	大阪市立科学館	26.5m

参考資料:IPSディレクトリー(2014)

こんなギネス認定も

世界で一番大きいプラネタリウム
　　名古屋市科学館　ドーム径　35m

世界一地上から高いところにあるプラネタリム
　　郡山市ふれあい科学館 地上高104.25m

最も先進的なプラネタリウム
　　　　　　　　多摩六都科学館(2014.12)

プラネタリウムと出会うきっかけに

日本プラネタリウム協議会 理事長　鴫 宏道

一九二三年に近代的なプラネタリウムが誕生し、一九三七年に日本に入ってすでに八〇年近くが経過しました。現在では国内に約三五〇館、一般公開されている施設は三〇〇館を数えます。日本は世界的に見てもアメリカに次ぐプラネタリウム大国です。

本書を手に取られて開くとき、あなたはプラネタリウムが意外と全国展開していることにも気づかれるでしょう。地方の街でもどこかにまあるいドームのプラネタリウムがあります。大きなもの、小さなもの、古いもの、新しいもの。そしてつぎには無意識にあなたの地域のプラネタリウム館に関心が行くと思います。プラネタリウムはどこに行けば見られるんだろう。そして、プラネタリウムってどんな人がどんな考えでどんなことをしているんだろう、という興味へと繋がります。

プラネタリウムの意外な特徴は地域視点、地域密着、地域文化、地域メディア……。そう、地域が生み、育ててきた地域メディアなのです。もちろん扱うテーマは、主に星にちなんだ宇宙。その内容は天文学的、科学的視点で考えられています。しかし、科学という枠を乗り越えて、文学、音楽、演劇、芸術といったセンスを使って宇宙を意識し、味わう場、といったほうがふさわしいかもしれません。プラネタリウムがあなたにとって意外に身近な存在であることに気づかれ、科学の扉をひらくきっかけになったり、天文学の奥深さに出会ったり、星空の美しさに目醒めたり、ダイナミックな映像に驚いたり、癒されたり、身近な集いのサロンになったりすることでしょう。

本書の最大の特徴は、全国のプラネタリウム館職員自ら自館の魅力を余すところ無く執筆していただいたことです。どんな考えでどんなことをやっているのかを知る手がかりになります。プラネタリウム館とそこで担当する職員があなたと出会い、交流を深めていただくことで、プラネタリウムを大いに楽しみ、入りびたるきっかけにしていただければ幸いです。

まあるいドームを外から見ているだけでは、その醍醐味は味わえませんよ。

二〇一五年四月三〇日

全国プラネタリウムガイド 目次

プラネタリウムと出会うきっかけに
日本プラネタリウム協議会 理事長 鴈 宏道 ……1

北海道

稚内市青少年科学館 ……8
なよろ市立天文台 ……8
北網圏北見文化センター ……9
旭川市科学館 サイパル ……9
厚岸町海事記念館 ……10
釧路市こども遊学館 ……10
小樽市総合博物館 ……11
帯広市児童会館 ……11
りくべつ宇宙地球科学館 ……12
サッポロスターライトドーム ……12
札幌市青少年科学館 ……13
札幌もいわ山ロープウェイ スターホール ……13
厚真町青少年センタープラネタリウム室 ……14
苫小牧市科学センター ……14
室蘭市青少年科学館 ……15

東北

青森市中央市民センター ……22
八戸市視聴覚センター・八戸市児童科学館 ……22
十和田市生涯学習センター ……23
弘前文化センター ……23
盛岡市子ども科学館 ……24
大崎生涯学習センター ……24
仙台市天文台 ……25
由利本荘市文化交流館カダーレ ……25
由利本荘市スターハウス コスモワールド ……26
秋田県児童会館 みらいあ ……26
秋田ふるさと村 星空探険館スペーシア ……27
鶴岡市中央公民館 プラネタリウム ……27
北村山視聴覚教育センター ……28
山形県朝日少年自然の家 ……28
米沢市児童会館 ……29
福島市子どもの夢を育む施設 こむこむ館 ……29
郡山市ふれあい科学館 ……30
棚倉町文化センター ……30

関東

日立シビックセンター科学館 天球劇場 ……34
常陸大宮市パークアルカディア プラネタリウム館 ……34
大野潮騒はまなす公園 ……35
つくばエキスポセンター ……35
鹿沼市民文化センター ……36
栃木県子ども総合科学館 ……36
真岡市科学教育センター ……37
利根沼田文化会館 ……37
桐生市立図書館 ……38
前橋市児童文化センター ……38
群馬県生涯学習センター 少年科学館 ……39
高崎市少年科学館 ……39
ぐんまこどもの国児童会館 ……40
藤岡市みかぼみらい館 ……40
向井千秋記念子ども科学館 ……41
加須未来館 ……41
熊谷市立文化センタープラネタリウム館 ……42
埼玉県立小川げんきプラザ ……42
埼玉県立名栗げんきプラザ ……43
久喜総合文化会館プラネタリウム ……43
北本市文化センター ……44
越谷市立児童館コスモス ……44
川越市児童センター こどもの城 ……45
狭山市立中央児童館 ……45
入間市児童センター ……46
さいたま市宇宙劇場 ……46
さいたま市青少年宇宙科学館 ……47
川口市立科学館 ……47
朝霞市中央公民館 ……48
新座市児童センター ……48
銚子市青少年文化会館 ……49
千葉県長生村文化会館 ……49
長生村文化会館 ……50
千葉県立君津亀山少年自然の家 ……50
南房総市大房岬少年自然の家 ……51
白井市文化センター・プラネタリウム ……51
千葉市科学館

船橋市総合教育センタープラネタリウム館 … 52
ギャラクシティ　まるちたいけんドーム … 52
葛飾区郷土と天文の博物館 … 53
プラネタリウム銀河座 … 53
板橋区立教育科学館 … 54
コニカミノルタプラネタリウム"満天" … 54
なかのZEROプラネタリウム … 55
コニカミノルタプラネタリウム"天空" in 東京スカイツリータウン … 55
科学技術館 … 56
東京海洋大学越中島キャンパス天象儀室 … 56
タイムドーム明石（中央区立郷土天文館） … 57
コスモプラネタリウム渋谷 … 57
五反田文化センタープラネタリウム … 58
日本科学未来館 … 58
PLANETARIUM Starry Cafe
（プラネタリウム スターリーカフェ） … 59
世田谷区立教育センタープラネタリウム … 59
多摩六都科学館 … 60
東大和市立郷土博物館 … 60
桐朋中学校・高等学校 … 61
府中市郷土の森博物館 … 61
コニカミノルタサイエンスドーム
（八王子市こども科学館） … 62
かわさき宙と緑の科学館 … 62
横浜こども科学館
（はまぎんこども宇宙科学館） … 63

相模原市立博物館 … 63
藤沢市湘南台文化センターこども館 … 64
神奈川工科大学厚木市子ども科学館 … 64
伊勢原市立子ども科学館 … 65
平塚市博物館 … 65

中部

村上市教育情報センター … 70
新潟県立自然科学館 … 70
長岡市青少年文化センター … 71
プラネタリウム　ドーム中里き☆ら○ら … 71
上越清里星のふるさと館 … 72
黒部市吉田科学館 … 72
富山市科学博物館 … 73
国立立山青少年自然の家 … 73
石川県柳田星の観察館「満天星」 … 74
コスモアイル羽咋 … 74
いしかわ子ども交流センター … 75
金沢市キゴ山天体観察センター … 75
福井県児童科学館 … 76
福井県自然保護センター　観察棟 … 76
山梨県立科学館 … 77
中野市立博物館 … 77
長野市立博物館 … 78
公益財団法人　大町エネルギー博物館 … 78
上田創造館 … 79
松本市教育文化センター … 79
八ヶ岳自然文化園 … 80

長野県伊那文化会館 … 80
飯田市美術博物館 … 81
藤橋城・西美濃プラネタリウム … 81
各務原市少年自然の家 … 82
岐阜市科学館 … 82
大垣市スイトピアセンター　コスモドーム … 83
静岡県立朝霧野外活動センター … 83
三島市立箱根の里 … 84
公益財団法人　国際文化交友会
岩崎一彰・宇宙美術館　月光天文台 … 84
富士市道の駅　富士川楽座
プラネタリウムわいわい劇場 … 85
ディスカバリーパーク焼津天文科学館 … 85
浜松科学館 … 86
スターフォーレスト御園 … 86
豊橋市視聴覚教育センター … 87
豊川市ジオスペース館 … 87
とよた科学体験館 … 88
安城市文化センター … 88
夢と学びの科学体験館 … 89
半田空の科学館 … 89
一宮地域文化広場 … 90
小牧中部公民館 … 90
名古屋市科学館 … 91
津島児童科学館 … 91
四日市市立博物館・プラネタリウム … 92
鈴鹿市文化会館 … 92
岡三デジタルドームシアター　神楽洞夢 … 93

近畿

- 三重県立みえこどもの城 ……… 94
- 大津市比良げんき村天体観測施設 ……… 96
- 総合リゾートホテル ラフォーレ琵琶湖「デジタルスタードーム ほたる」 ……… 96
- 大津市科学館 ……… 97
- 京都市青少年科学センター ……… 97
- 向日市天文館 ……… 98
- 文化パルク城陽プラネタリウム ……… 98
- 京丹後市星空体験学習室 ……… 99
- エル・マールまいづる ……… 99
- 福知山市児童科学館 ……… 100
- 茨木市立天文観覧室 ……… 100
- 池田市立五月山児童文化センター ……… 101
- 東大阪市立児童文化スポーツセンター ……… 101
- 大阪市立科学館 ……… 102
- すばるホール ……… 102
- 大阪狭山市立公民館 ……… 103
- 猪名川天文台(アストロピア) ……… 103
- にしわき経緯度地球科学館「テラ・ドーム」 ……… 104
- 伊丹市立こども文化科学館 ……… 104
- バンドー神戸青少年科学館 ……… 105
- 明石市立天文科学館 ……… 105
- 加古川総合文化センター ……… 106
- 姫路科学館 ……… 106

中国・四国

- 大塔コスミックパーク 星のくに ……… 107
- 和歌山県教育センター学びの丘 プラネタリウム ……… 107
- 和歌山市立こども科学館 ……… 108
- 和歌山大学 観光デジタルドームシアター ……… 108
- 北九州市立児童文化科学館 ……… 121
- 宗像ユリックス総合公園 ……… 128
- 福岡県青少年科学館 ……… 128
- 星の文化館 ……… 129
- 大牟田文化会館 ……… 129
- 佐賀県立宇宙科学館 ……… 130
- 佐世保市少年科学館 ……… 130
- 長崎市科学館 ……… 131
- 熊本博物館 ……… 131
- 上天草市立ミューイ天文台 ……… 132
- 大分県立社会教育総合センター 九重青少年の家 ……… 132
- 宮崎科学技術館 ……… 133
- たちばな天文台 ……… 133
- スターランドAIRA ……… 134
- 薩摩川内市立少年自然の家 ……… 134
- 鹿児島県立博物館プラネタリウム ……… 135
- 鹿児島市立科学館 ……… 135
- リナシティかのや 情報プラザ ……… 136
- 海洋文化館プラネタリウム ……… 136
- 那覇市牧志駅前ほしぞら公民館 ……… 137
- その他のプラネタリウム館一覧 ……… 137
- 索引 ……… 151

岡山県生涯学習センター ……… 113
人と科学の未来館サイピア ……… 114
ライフパーク倉敷科学センター ……… 114
岡山天文博物館 ……… 115
府中市こどもの国 ……… 115
三原市宇根山天文台 ……… 116
広島市こども文化科学館 ……… 116
山陽スペースファンタジープラネタリウム ……… 117
山口県児童センター ……… 117
宇部市視聴覚教育センター ……… 118
徳島県立あすたむらんど ……… 118
さぬきこどもの国 ……… 119
新居浜市市民文化センター ……… 119
愛媛県総合科学博物館 ……… 120
松山市総合コミュニティセンターコスモシアター ……… 120
久万高原天体観測館 ……… 121

九州・沖縄

西予市三瓶文化会館 ……… 121

鳥取市さじアストロパーク ……… 112
米子市児童文化センター ……… 112
出雲科学館 ……… 113
島根県立三瓶自然館サヒメル ……… 113

その他のプラネタリウム館一覧 ……… 137
索引 ……… 151

グラビア

幻想プラネタリュウム　松本零士
星はカラフル　篠原ともえ
広がるプラネタリウムの楽しみ
来館を待っています。キャラクター紹介
日本はプラネタリウム先進国 ……

コラム

プラネタリウム基本用語　大阪市立科学館　渡部義弥 …… 16
これからのプラネタリウム　プラネタリウム・クリエーター　大平貴之 …… 20
全天周映像の楽しみ　KAGAYA …… 31
星空の下へ出かける前にはプラネタリウムへ　(株)ビクセン　都築泰久 …… 32
星の力・プラネタリウムの力　星空工房アルリシャ代表　高橋真理子 …… 66
プラネタリウムと未来の教育　成蹊中学・高等学校教諭　宮下敦 …… 68
星空の下の劇場～演劇プラネタリウム～　芸術創造チーム雑貨団　小林善紹 …… 68
プラネタリウムを家で見たい　(株)セガトイズ …… 68
プラネタリウム機器の発達　コニカミノルタプラネタリウム(株) …… 122
光学、精密加工、制御技術などが組み合わさってプラネタリウムは作られる　(株)五藤光学研究所　明井英太郎 …… 124
プラネタリウムからドームシアターへ―地域の文化活動の拠点として―　国立天文台　准教授　縣秀彦 …… 138
変わり種のプラネタリウム　いしかわ子ども交流センター　毛利裕之 …… 140
世界のプラネタリウム　国立天文台天文情報センター広報普及員　伊東(佐伯)昌市 …… 142

●アイコンマークについて

 駐車場あり
 レイトショー（18時以降の投影)あり
 プラネタリウム（ドーム)内への車いすでの入場可
 プラネタリウム（ドーム)内へのベビーカー持込可
 食事施設あり

●データの見方

🏛 施設名
★ 所在地・TEL
🕐 開館時間
休 休館日
¥ 料金
駅 アクセス
🚗 駐車場の有無

※データは2015年4月現在のものです。
※施設の休館日、開館時間、入館料金などは変更する場合があります。お出かけの際は、HPなどでご確認ください。

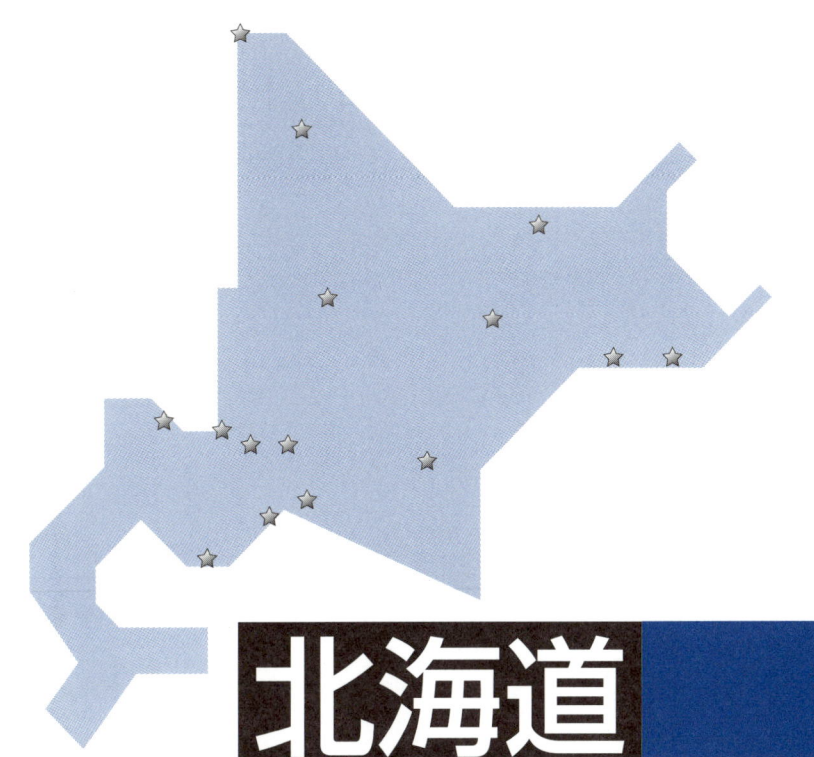

北海道

稚内市青少年科学館

日本最北・道内最古の
プラネタリウムが待っています。

2014年度より「環境展示コーナー」を新設し、「科学展示」「環境展示」「南極展示」の3つの展示からなる、見て触って学べる科学館です。

プラネタリウムでは基本的に毎月投影内容を変更し、オリジナルの番組を投影しております。道内で最も古いプラネタリウムですが、実際の夜空に近い美しい星空を楽しむことが出来ます。また、隣接する「ノシャップ寒流水族館」と窓口が1つとなり、ワンコインで科学館・水族館・プラネタリウムを全て楽しめる施設となりました。

DATA
- 稚内市青少年科学館
- 北海道稚内市ノシャップ2-2-16 TEL 0162-22-5100
- 9:00～17:00(4/29～10/31)、10:00～16:00(11/1～11/30・2/1～3/31)
- 休/4/1～4/28・12/1～1/31
- ¥/高校生以上：500円・小中学生：100円・幼児：無料
- 駅【JR宗谷本線】稚内駅よりバスで「ノシャップ2丁目」下車、徒歩5分
- あり(10台)無料
- http://www.city.wakkanai.hokkaido.jp/kagakukan/

ドーム直径／12m(水平型)
座席数／120席(同心円型)
プラネタリウム機種／
(株)五藤光学研究所 GX-10-T

なよろ市立天文台

プラネタリウムを見た後は、
実際の星空も楽しめます。

当施設は、2010年に開設した天文台に併設されたプラネタリウムです。50席、8mドームと小柄なプラネタリウムですが、2台のプロジェクターによる投影のため、空間を有効に利用しています。ドームには特殊塗料を使用しているため、つなぎめなども目立たず、きれいな映像を映し出すことができます。全ての座席に格納式テーブルと電源が備え付けられ、プラネタリウムの用途だけでなく、講演会や学習会などにも利用することができます。また、プラネタリウム内にピアノも設置され、コンサートなどの音楽イベントも行っています。

DATA
- なよろ市立天文台(きたすばる)
- 北海道名寄市字日進157-1 TEL 01654-2-3956
- 13:00～21:30(4～10月)、13:00～20:00(11～3月)
- 休/月曜日、祝日直後の休館日でない日(12/30～1/6)
- ¥/大人：410円・大学生：300円・高校生以下、70歳以上：無料
- 駅【JR宗谷本線】名寄駅より車で10分
- あり(60台)無料
- http://www.nayoro-star.jp/

ドーム直径／8m(水平型)
座席数／50席(一方向型)
プラネタリウム機種／
(株)リブラ HAKONIWAシステム

北網圏北見文化センター

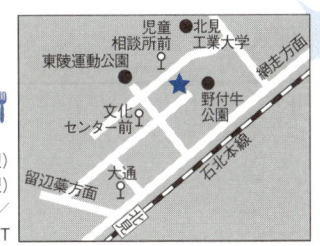

オホーツク唯一のプラネタリウムでくつろぎのひと時を！

当館は、科学館・博物館・美術館・プラネタリウムをもつ総合ミュージアム。プラネタリウムをもつ心、創造する心を育みます。プラネタリウムの上映時間は約50分、夕暮れシーンに始まり、季節の星空を解説、後半は最新プロジェクターによる全天周プラネタリウム番組をご覧いただきます。10時と13時は10名様以上であれば、団体利用が可能、ご希望の番組をその場でお選びいただくこともできます。また、天体観望会（無料）を毎月天候問わず開催、プラネタリウムでは自作コンテンツを投影しての解説を実施中です。

DATA
- 北網圏北見文化センター（ほくもうけん）
- 北海道北見市公園町1　TEL 0157-23-6700
- 9:30〜16:30
- 月曜日・祝日の翌日・年末年始（祝日が月曜・金曜・土曜の場合は開館し、その翌日も休まず開館）
- 大人：550円・高校生、大学生：330円・小中学生、70歳以上：130円
- 【JR石北本線B】北見駅より徒歩25分
- あり（60台）無料
- http://business4.plala.or.jp/bunsen21/

ドーム直径／15m（水平型）
座席数／159席（扇型）
プラネタリウム機種／
（株）五藤光学研究所 GMⅡ-AT

旭川市科学館　サイパル

「ふしぎからはじまる〈科学〉との出会い」をお届けします。

素朴な疑問を大切にすること、それが旭川市科学館「サイパル」のコンセプト「ふしぎからはじまる〈科学〉との出会い」です。
1階には常設展示室やプラネタリウム、2階には実験実習室、屋上には天文台を配置し、子どもから高齢者の方など誰もが使いやすく、楽しみながら科学に関心をもっていただける施設です。
プラネタリウムでは、星空の美しさに定評があるドイツ・カールツァイス社製の光学式投影機と、全天周ドーム映像システムを組み合わせ、美しい星空や迫力ある映像をお楽しみいただけます。

DATA
- 旭川市科学館（サイパル）
- 北海道旭川市宮前1条3-3-32　TEL 0166-31-3186
- 9:30〜17:00（入館は16:30まで）
- 6〜9月を除く毎週月曜日・年末年始・毎月末平日（臨時開館などあり）
- 大人：300円・高校生：200円・中学生以下：無料
- 【JR函館本線】旭川駅よりバスで5分
- あり（一般76台・バス6台・身障者用5台）無料
- http://www.city.asahikawa.hokkaido.jp/files/kagakukan/

ドーム直径／18m（水平型）
座席数／170席（同心円型）
プラネタリウム機種／
Carl Zeiss STARMASTER ZMP
（株）アストロアーツ
STELLA DOME PRO

厚岸町海事記念館
あっけし

漁業の歴史と日本最東端の
プラネタリウムがお出迎え

厚岸町は江戸時代の頃からニシン漁やサケ漁などで栄え、現在でも昆布漁・サンマ漁・カキの養殖など海との関わりによって人々の暮らしが営まれています。海事記念館はその歴史を後世に教え伝えていくための学習施設として開館し、ニシン漁で実際に使われていた漁具や、漁船のエンジンなどがそのまま展示されています。

また施設2階にはプラネタリウム室を設置しており、「海のくらし」と関わり深い星や星座について解説・投影しております。

DATA
- 厚岸町海事記念館（海事記念館）
- 北海道厚岸郡厚岸町真栄3-4
  TEL 0153-52-4040
- 9:00〜17:00
- 月曜日、祝日の翌日、年末年始
- 大人：210円・高校生以下：無料
- 【JR花咲線】厚岸駅より徒歩10分
- あり（30台）無料
- http://www.town.akkeshi.hokkaido.jp/kaiji

ドーム直径／10m（水平型）
座席数／85席（一方向型）
プラネタリウム機種／
（株）五藤光学研究所 GX-T

釧路市こども遊学館

子どもも大人も楽しめる体験型学習施設。五感を通した「遊び」と「学び」の多様な体験から、豊かな感性と知的好奇心、生きるための想像力を育むことを目的としています。

世界で1台しかない投影機「ジェミニスターⅡ」を装備したプラネタリウム「スターエッグ」では地域色を生かした家族向けなどの番組、生解説による星空解説をおこなっています。

国内最大規模の屋内砂場、オリジナル楽器をはじめとした、体感・実感できる展示物や遊具など、魅力たっぷりの遊学館で、ここでしかできない体験を思い出に持ち帰ってください。

国内で「デジスターⅡ」を
楽しめるのは当館のみです！

ドーム直径／15m（水平型）
座席数／120席（一方向扇型）
プラネタリウム機種／
コニカミノルタプラネタリウム（株）
　GEMINISTAR Ⅱ
EVANS & SUTHERLAND DIGISTAR Ⅱ

DATA
- 釧路市こども遊学館
- 北海道釧路市幸町10-2
  TEL 0154-32-0122
- 9:30〜17:00
- 月曜日（祝日の場合は翌日、ただしGW、市内小中学校長期休み中は無休）、年末年始
- 大人：960円・高校生：380円・小中学生：220円・幼児：無料（入館料込み）
- 【JR釧網線】釧路駅より徒歩8分
- あり（81台）無料
- http://www.kodomoyugakukan.jp/

りくべつ宇宙地球科学館

銀河の森天文台では、国内最大級の115cm大型望遠鏡を備え、昼間でも晴れていれば、明るい星を見ることができます。開館日は星空観望会を随時開催。専門スタッフによる案内で、天文の知識がなくても楽しめます。

展示室には、オーロラや天体の写真パネル・人工オーロラ発生装置があり、宇宙探検コンピューターや70インチ大型モニターでは、宇宙についての体験学習ができます。

開館日の土曜・日曜・祝日は15時・17時・20時の各3回、プラネタリウムを上映。定員は20名、入館者先着順で整理券を配布しています。

DATA
- りくべつ宇宙地球科学館（銀河の森天文台）
- 北海道足寄郡陸別町宇遠別　TEL 0156-27-8100
- 14:00～22:30（4～9月）、13:00～21:30（10～3月）
- 月・火曜日、5月第3週月曜日～第4週金曜日、年末年始
- 高校生以上：昼間300円、夜間500円・小中学生：昼間200円、夜間300円・幼児：無料
- 【JR石北本線B】北見駅よりバスで「陸別（終点）」下車、車で10分／【JR根室本線】池田駅よりバスで「陸別（終点）」下車、車で10分
- あり（53台）無料
- http://www.rikubetsu.jp/tenmon/

小さなドームで迫力のプラネタリウムを楽しめます！

ドーム直径／4m（水平型）
座席数／20席（一方向型）
プラネタリウム機種／
コニカミノルタプラネタリウム（株）
MEDIAGLOBE

帯広市児童会館

児童会館は、児童文化センターと青少年科学館の機能を併せもつ施設として1964年9月に開館し、2014年9月に開館50周年を迎えました。開館50周年を記念して、科学の原理や法則を遊びながら学習できる「科学展示室」をリニューアルしました。「見て・触れて・ためす」を基本にした参加体験型の展示品が25点設置されています。幼児を対象とした「もっくんひろば」「木の遊園地」には、木のおもちゃや、木の砂場など木のぬくもりが感じられる無料で遊べるスペースもあります。また、天文台では月に1度、「星の観察会」を開催。ほかにも親子科学実験教室や理科クラブなど多くのイベントやクラブ活動をおこなっています。

幼児からお年寄りまでが、一緒に楽しめる内容となっています。

ドーム直径／10m（水平型）
座席数／82席（一方向型）
プラネタリウム機種／
コニカミノルタプラネタリウム（株）
MS-10、サッポロスターライトドーム
ウルトラワイドビジョン

DATA
- 帯広市児童会館
- 北海道帯広市字緑ヶ丘2　TEL 0155-24-2434
- 9:00～17:00
- 月曜日、祝日の翌日（11～3月の間）、年末年始
- 大人：180円・高校生：90円・小中学生以下：無料
- 【JR根室本線】帯広駅よりバスで「緑ヶ丘6丁目・美術館入口」下車、徒歩4分
- あり（210台）無料
- http://www.city.obihiro.hokkaido.jp/jidoukaikan/jidoukaikan.html

小樽市総合博物館

小樽市総合博物館のプラネタリウムは、当館の前身である小樽市青少年科学技術館でのプラネタリウム投影を含めると、通算で50年以上となる北海道内でも歴史のある施設です。

毎日の一般投影のほかに、天体観望会開催時にプラネタリウム特別投影もおこなっています。また、学校団体向けの学習投影もおこなっています。

この博物館の場所は、北海道の鉄道発祥の地でもあり、現存するわが国最古の機関車庫なども敷地内にあり、鉄道ファンも楽しめる施設となっています。

学芸員による当日の星空の
生解説とオリジナル番組

DATA
- 🏛:小樽市総合博物館
- ⭐:北海道小樽市手宮1-3-6
  TEL 0134-33-2523
- 🕘:9:30〜17:00
- 休:火曜日(祝日の場合は翌日)、12/29〜1/3
- ¥:大人:400円(市内在住の70歳以上:200円)・高校生:200円・中学生以下:無料　※冬期料金あり
- 駅:【JR函館本線】小樽駅よりバスで「総合博物館」下車すぐ
- 🚗:あり(100台)無料
- http://www.city.otaru.lg.jp/simin/sisetu/museum/

ドーム直径／7m(水平型)
座席数／33席(一方向型)
※車いすスペース3台程度、ベビーカー:入口預かり
プラネタリウム機種／
サッポロスターライトドーム
ウルトラワイドビジョン

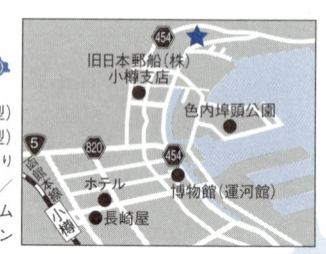

サッポロスターライトドーム

直径15m160席で光学式およびデジタル式を併用した民営のプラネタリウム施設です。

またグランドピアノも配してコンサートが開催できるようにステージが用意されています。またオリジナルの番組を制作するスタジオを有し、全国のプラネタリウム施設にも配給されています。さらにデジタル投影機ウルトラワイドビジョンを開発し道内の施設に設置されており新時代のプラネタリウム投影に大きく貢献しています。

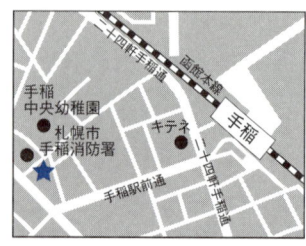

某アニメに登場することもあって、よくデートにも利用されています。

ドーム直径／15m(水平型)
座席数／160席(一方向型)
プラネタリウム機種／
コニカミノルタプラネタリウム(株)
MS-10　MS SAKUBOUGETU
サッポロスターライトドーム　ウルトラワイドビジョン

DATA
- 🏛:サッポロスターライトドーム
- ⭐:北海道札幌市手稲区手稲本町2条4-1-11
  TEL 011-691-2325
- 🕘:12:10〜最終投影まで
- 休:水曜日、木曜日(団体予約のみ)、祝日の翌日
- ¥:大人:900円・高校生:600円・小中学生:500円・3歳未満:無料
- 駅:【JR函館本線】手稲駅より徒歩5分
- 🚗:あり(10台)無料
- http://www.ssdome.co.jp

札幌市青少年科学館

宇宙や科学を体験しながら学ぶ科学館です。プラネタリウムは、北海道最大級の規模を誇り、全天周映像を駆使した臨場感ある星空が楽しめます。職員の生解説による今日の星空と、プラネタリウム番組を上映。月に1度おこなう「夜間プラネタリウム」では、月食などの天文現象や音楽などの特集をおこなっています。

また、生命・環境・宇宙などテーマ別に約200点の体験型の展示物があり、「人工降雪機」や、氷の不思議を学ぶ「低温展示室」など、北国の科学館ならではの展示が人気を集めています。

生解説で、今夜の見所と月ごとの話題をお届け

DATA
- 札幌市青少年科学館
- 北海道札幌市厚別区厚別中央1条5丁目2-20 TEL 011-892-5001
- 9:00～17:00（5～9月）、9:30～16:30（10～4月）※レイトショーは月に1度程度、主に19:00～20:00
- 大人:500円・高校生:500円・小中学生、幼児:無料
- 【JR千歳線】新札幌駅より徒歩5分／【地下鉄東西線】新さっぽろ駅1番出口正面
- あり（40台）無料 ※一般車は土日祝、特別展期間のみ
- http://www.ssc.slp.or.jp/

ドーム直径／18m（水平型）
座席数／200席（一方向型）
プラネタリウム機種／
（株）五藤光学研究所 URANUS
コニカミノルタプラネタリウム（株）
SKYMAX DS

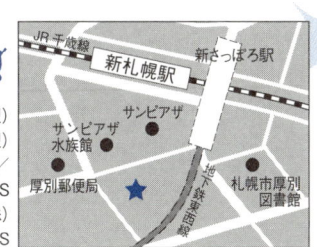

札幌もいわ山ロープウェイ スターホール

人類が生み出した、最も本物に近い人工宇宙。それが、スーパープラネタリウム「MEGASTAR（メガスター）」。大平貴之氏の個人開発によって生み出された次世代型プラネタリウムシステムです。スターホールでは、MEGASTARを道内初導入。従来のプラネタリウムが6～7等星までの恒星約6000～3万個を再現するにとどまっていたのに対し、このMEGASTAR-ⅡBは、500万個もの星を投影することができます。人間の視力では見分けられない小さな星の一粒一粒までも忠実に再現し、奥行と広がりのある本物さながらの美しい星空を映し出します。

恋人の聖地にある
ロマンチックなプラネタリウム

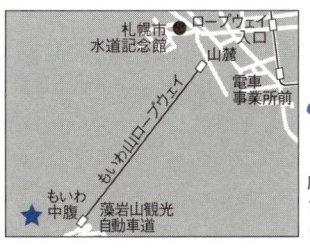

ドーム直径／6m（水平型）
座席数／28席（扇型）
プラネタリウム機種／
(有)大平技研 MEGASTAR-ⅡB

DATA
- 札幌もいわ山ロープウェイ スターホール
- 札幌もいわ山ロープウェイ山頂駅 TEL 011-518-8080
- 11:00～21:00（夏季）、11:30～21:00（冬季）
- メンテナンス期間11月下旬
- 大人:700円・子ども:400円・幼児:無料(イス利用400円)
- 【地下鉄】大通駅より市電で「ロープウェイ入口」下車、バスで山麓駅。山頂までロープウェイ、ケーブルカー乗継（有料）。
- あり（山麓120台、中腹80台）無料 ※中腹4月上旬～11月下旬のみ、通行料別途
- http://moiwa.sapporo-dc.co.jp/guide/star.html

厚真町青少年センタープラネタリウム室

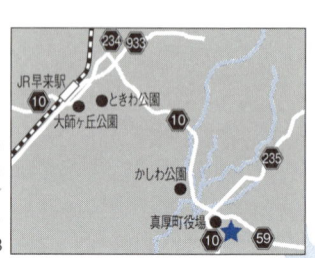

1980年に開館と同じく設置されたプラネタリウム。同時期に設置された天文台にある15cm屈折望遠鏡と共に今でも現役です。肉眼で見ることのできる数とほぼ同じ3500の星を投映しながら、生解説で進行していきます。主に月1度の夜間投映、団体投映をおこなっていますが、希望があれば日程調整の上個人投映もおこなっています。夜間投映は天候が良ければ天文台で実際に星を観察します。厚真町フェイスブックなどで日程や内容をお知らせしていますのでご確認ください。

レトロな光学式プラネタと天文台、虚像と現実のコラボ

DATA
- 厚真町青少年センタープラネタリウム室（青少年センタープラネタリウム室）
- 北海道勇払郡厚真町京町165-1　TEL 0145-27-2495
- 8:30〜17:30　※投映希望の場合は事前にご連絡下さい。
- 土・日、祝日、年末年始
- 無料
- 【JR室蘭本線】早来駅よりバスで15分
- あり（20台）無料
- http://www.town.atsuma.lg.jp/

ドーム直径／8m（水平型）
座席数／50席（一方向型）
プラネタリウム機種／
コニカミノルタプラネタリウム（株）MS-8

苫小牧市科学センター

ミールは苫小牧市科学センターでしか見られません。

青少年の科学的知識の普及や向上のため1970年に開館しました。プラネタリウム（無料）や星空観望会のほか、「宇宙コーナー」や「防災救急ヘリコプター・はまなす」など様々な科学展示や「科学ふれあい教室」「木工教室」「移動科学センター」「科学・工作教室」などの体験教室を開催しています。またロシア（旧ソ連）の宇宙ステーション「ミール（予備機）」は世界に1機しかなく、ここでしか見られません。ほかにも、蒸気機関車「たるまえ号」や「日時計」、壁画「芽の出る音」などが屋外展示されています。

ドーム直径／10m（水平型）
座席数／84席（一方向型）
プラネタリウム機種／
（株）五藤光学研究所 GX-AT

DATA
- 苫小牧市科学センター
- 北海道苫小牧市旭町3-1-12　TEL 0144-33-9158
- 9:30〜17:00
- 月曜日（祝日の場合は次の平日）、年末年始
- 無料
- 【JR室蘭本線】苫小牧駅より徒歩20分、またはバスで「市役所前」下車、徒歩5分
- あり（20台）無料
- http://www.city.tomakomai.hokkaido.jp/kagaku/

全国プラネタリウムガイド　14

室蘭市青少年科学館

室蘭市青少年科学館は、開館50年を超える北海道で一番古い科学館です。遊びながら楽しく学べる施設をモットーに、身近なもので科学を学ぶことができます。中庭には野草園やSL展示、展示室には職員が手作りした展示物や、工作・実験コーナーもあります。プラネタリウムも併設しており、投影内容も職員手作りです。季節折々の星座解説はもちろん、季節の星座神話や天文現象などをご紹介するなど、手作りならではの温かみのある、ちょっと懐かしい様な雰囲気を持っています。

北海道第1号の科学館で
星空散歩をお楽しみください。

DATA
- 室蘭市青少年科学館
- 北海道室蘭市本町2-2-1　TEL 0143-22-1058
- 10:00〜17:00（3〜10月）、10:00〜16:00（11〜2月）※入館は、閉館30分前まで
- 休 月曜日、祝祭日の翌日、年末年始
- ¥ 大人：440円・高校生：150円・小中学生：40円・幼児：無料（入館料込み）
- 駅【JR室蘭本線】室蘭駅より徒歩10分
- あり（10台）無料
- http://www.kujiran.net/kagaku/

ドーム直径／10m（水平型）
座席数／100席（同心円型）
※エレベーターなし
プラネタリウム機種／
（株）五藤光学研究所 GX-10-T

プラネタリウム基本用語解説

プラネタリウム

プラネタリウムは、ドーム・スクリーンに星空とその動きを再現する装置です。世界中のあらゆる場所、南極でも赤道でも自在に設定でき、時間についても平安時代の星空も22世紀の星空も再現することができます。プラネタリウムは星空シミュレーターだともいえます。

ただし、最初のプラネタリウムはドームも星空もありませんでした。図は18世紀の英国の画家ジョゼフ・ライトが描いた「プラネタリウム」です。

「オーラリーについて講じる哲学者」ジョゼフ・ライト画

中心に太陽にあたるランプがあり、その周りを惑星が歯車仕掛けで巡る模型をプラネタリウムと言っていました。英国ではオーラリーともいいます。なお、オーラリーは、プラネタリウムのほか、地球と月と太陽だけの模型なども指した言葉です。

19世紀には、オランダのアイジンガが家一軒をプラネタリウムにしたものが話題になりました。これは現在でも残っており見学できますし、名古屋市科学館に再現模型があります。

このように、プラネタリウムは、プラネット（惑星）＋リウム（〜のための、場所、装置）という意味でした。これが今のようになるのは、1923年ドイツのカールツァイス社がドーム・スクリーンに星空を投影し、同時に星空と惑星の動きも再現できる装置、つまり現代のプラネタリウムを開発してからです。星空を再現するというのは、あとから加わったのですが、今やこちらが主な意味に変わっています。

なお、1950年頃には日本でも、プラネタリウムを作ろうという機運が広がり、愛好家、起業家、メーカーなどがプラネタリウムの製作を行いました。そのなかで五藤光学とコニカミノルタが国産メーカーとして活躍していくことになります。

なお、プラネタリウムは長い言葉なので、業界ではしばしば**プラ、プラネ、プラネタ**と省略されます。また、プラネタリューム、プラネタリュウムと書く方が、年配の方を中心にいらっしゃいます。日本語で、**天象儀**（てんしょうぎ）ということもあります。

プラネタリウムの番組

プラネタリウムでは多くの場合、装置を使った30分〜1時間の番組を観覧することになります。こうした番組を英語ではショー、レクチャーといいます。日本では、番組を見せることを**投影**とか**投映**、**上映**といったりします。番組は大きく2種類あります。一つは**生解説**、**ライブ投影**、**マニュアル投影**というものです。解説者がプラネタリウムを操作しながら話します。もう一つは、**自動投影**、**オート投影**です。

全国プラネタリウムガイド　16

これは、あらかじめコンピュータでプラネタリウムの操作をプログラムし、再生音声とあわせて見せるものです。また、番組を前後半にわけ、前半は生解説、後半を自動投影とするケースやより複雑に組み合わせる場合もあります。

番組は、観覧対象によって分けて呼ぶこともあります。広く一般を対象とした**一般投影**、主として小・中学校のカリキュラムにあわせた内容をおこなう**学習投影**、幼児を対象とし、体験や情操教育的な目的を重視した**幼児投影**、そのほか親子投影、ファミリーワー、リラックスタイムといった表現も使われます。また、**特別投影**という場合は、講演会やコンサート、演劇や実験ショーなどと組み合わせたり、番組を前後半にわけ、ドームまるごとの映像中継など平素は行えない特別な趣向をこらしたものを指します。

プラネタリウム投影機

プラネタリウム投影機（投映機）には、**光学式**と**デジタル式**があります。これは星空を作り出す方式による分類です。

光学式プラネタリウムは、スライド映写機のようなものです。金属やガラスの板に、星の配置通りに光が通る穴をあけ、それを原盤としてスクリーン全体に投影します。星空の動きは、投影機そのものを回転させて表現します。太陽、月、惑星など、星空の中をさらに動くものについては、別途小型の投影機を組み合わせます。

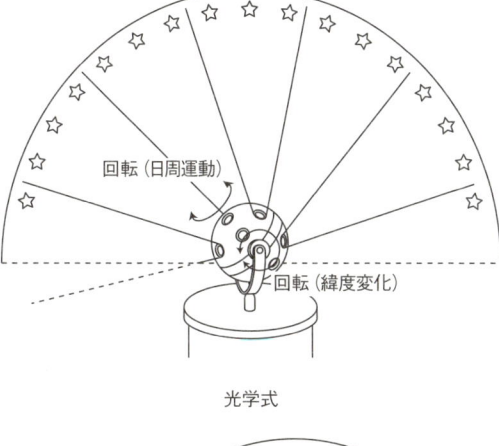

光学式

一方、**デジタル式プラネタリウム**は、ビデオプロジェクターを使って、星空の映像をスクリーンに投影します。天体の運動は、コンピュータグラフィクスとして表現しますので、投影機そのものはシンプルなものになります。デジタル式は、いうまでもなく星空以外にも、様々なものを投影できます。

このように、どちらの形式も「光学式」には変わらないのですが、機械の作りが大きく違うので、こう呼び分けるのが通例です。いずれも、全天に映像をつくるため、複数の投影ユニットまたはプロジェクターを組み合わせます。光学式では32台または12台の投影ユニットを1つの投影機に組み込みます。デジタル式では6台、3台、2台、そして小型のデジタル式では運用の簡単さから1台のプロジェクターに魚眼レンズまたは、カーブミラーのよ

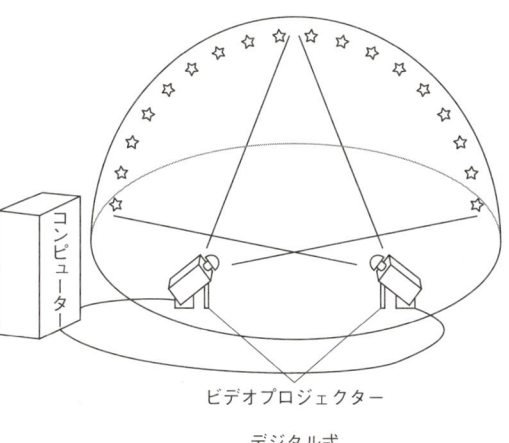

デジタル式

17

うな凸面鏡を組み合わせたものもあります。

また、光学式プラネタリウムでは星以外のもの、たとえば夕焼けや流れ星、人工衛星、雷や閃光、周囲の町の風景などを投影する**補助投影機、特殊投影機**（製品名でIMAX、オムニマックス、アストロビジョンなど）も1990年代に盛んに設置されましたが、現在はデジタル式プラネタリウムに置き換わりつつあります。そうした施設では、光学式プラネタリウムとデジタル式プラネタリウムを併設している場合も多くなっています。

そしてこうした投影機や各種装置を統合制御する演出システムがプラネタリウムには併設されています。

補助投影機（スペシャルエフェクト） を組み合わせて演出します。周囲の景色を投影するものは、特に**パノラマ投影機**あるいは**スカイライン**と呼ばれます。

一方、デジタル式プラネタリウムでは、プラネタリウム投影機に汎用性があるため、補助投影機の必要が大幅に減ります。それでも、レーザーで特別明るい光を出したいとか、鮮やかでシャープに映像を出すためにスポットライトや別設のプロジェクターなどの補助投影機が活躍しています。

なお、最もよく使われる補助投影機は、**星座絵投影機**と解説者が矢印を示す**ハンドポインター**です。

そのほかに、場内照明や周囲の明るさ変化を演出する**コーブライト、赤色の学習用ランプ**など様々な照明装置や時にはスモーク、香りなどの舞台装置も使われることがあります。

また、プラネタリウムとあわせて、**フィルムの全天周映画**を上映できる設備（製品名でIMAX、オムニマックス、アストロビジョンなど）のものも多くなっています。また、一部の施設では座席にクイズの答えを集計するなど参加型の番組を演出できる**レスポンスアナライザー**が仕込まれているものがあります。

客席のレイアウトは、中央がむく同心円型と、一定の方向を向く**一方向型**が主流です。

傾斜ドームではほぼ自動的に一方向型になります。ほかにU字型（**馬蹄型**）や客席がある程度回転できるようになっているものなどもあります。U字型は授業で使う場合に、先生と生徒が向き合いやすいための工夫で、学校教育が主目的のプラネタリウムにみられます。

ドーム・スクリーンと客席

投影機とともに、プラネタリウムのもう一つの主役は、大空を担当するドーム・スクリーンです。プラネタリウムの規模は、しばしばスクリーンの直径サイズで表します。

ドーム・スクリーンは、その見切り線が水平の**水平ドーム（フラット）** と、傾斜している**傾斜ドーム（ティルト）** にわかれます。傾斜ドームは、全天周映画が設置されていた施設に多くなっています。

プラネタリウムは客席も特徴的でいように、特に水平ドームでは、上が見やすいように、大きくリクライニングする専門のものが使われます。一方で、傾

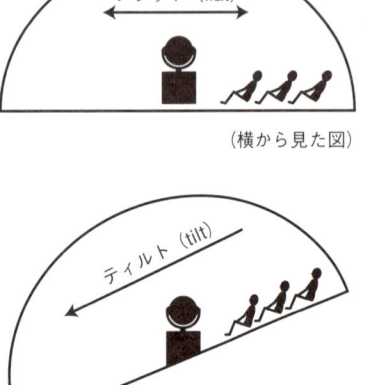

(横から見た図)

(横から見た図)

プラネタリウムの職員

プラネタリウムの職員については、日本語では広く使われている言葉がありません。役割に応じて、**解説員、解説者、番組のプロデューサー**

水平同心円型　提供：明石市立天文科学館

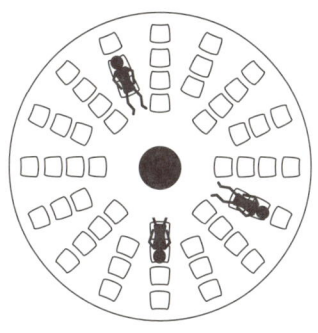

（上から見た図）

傾斜一方向型　提供：大阪市立科学館

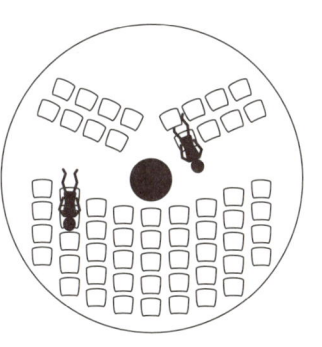

（上から見た図）

やディレクターといった言い方もします。職場内では、単にプラネタリウム担当とか、プラ担といわれることが多いようです。欧米では、プラネタリウムに関わる仕事をする人をプラネタリアン (planetarian) といいますが、これは機械の製作をする人や販売する人、時にはファンも含めて広く使われること

もある言葉です。海外でも解説をもっぱらする人はレクチャラー（講師、解説者）と言いますし、プラネタリウムディレクターというと、館長、支配人のことを指すケースもあります。プラネタリウムの担当者を学芸員と呼ぶこともあります。学芸員は、博物館や科学館の国家資格の学芸員資格を

持ち、採用されている専門職員のことです。学校でいう教諭、教官にあたります。プラネタリウム館も、国際的に博物館の一種とされますので、施設の性質によっては学芸員も相応しい言い方でしょう。

そのほかの言葉

プラネタリウムにはいくつかの団体があります。2つあげるとしたら、日本プラネタリウム協議会（JPA）と、国際プラネタリウム協会（IPS）でしょう。それぞれ日本と世界を代表するプラネタリウム団体です。

プラネタリウムのなかには、組み立て式のドームで移動できるものがあります。これを欧米ではポータブルプラネタリウムといい、日本では移動式プラネタリウム、モバイルプラネタリウムといいます。

プラネタリウムまわりの言葉では、光源や照明のことをランプといいます。ランプ＝昔の灯油のものと思うとびっくりしますが、ランプは光源という意味なので正しい使い方です。

そのほか操作卓をコンソール、補助投影機を並べているところをギャラリー、ピットというなど、業界独特の用語があります。

大阪市立科学館　渡部義弥

（わたなべよしや）

大阪市立科学館学芸員。プラネタリウムの解説者、番組製作者として25年以上携わってきた。19世紀の科学普及に興味があり、レオン・フーコー、マイケル・ファラデー、ジュール・ヴェルヌなどに注目。また、大都会での星の観察にこだわり、毎日空を見ながら帰宅している。

これからのプラネタリウム の役割

プラネタリウム・クリエーター **大平 貴之**

プラネタリウムと聞くと何を連想するでしょうか？　星空が見られる大きな丸天井？　星や星座の勉強をする場所？　中には地味で退屈な場所、という印象を持つ方もいるかもしれません。けれど最近のプラネタリウムはそうしたイメージを大きく覆す魅力的な施設になってきています。技術革新により、無数の星を緻密に再現したり、仮想宇宙旅行を再現することも可能になりました。最新の天文学の成果や「銀河鉄道の夜」、はやぶさ探査機の旅をドラマチックに描く作品なども上映され、映画館よりも迫力のある全天周映像を見ることもできます。

私は今から30年以上前、まだ小学生の頃に近所にあったプラネタリウムに出会い、星空をありのままに再現するプラネタリウムに魅せられ、自分で作りたいと夢見たのでした。小学生の力で出来る事は限られていましたが、一つ作っては飽き足らなくなり、さらに進化したものを追求するという歩みを繰り返して、ついに大学時代には施設に設置されているものに匹敵するレンズ式投影機を自力で完成。さらにその後、従来のプラネタリウムを遥かに超える、100万個以上の星を映し出す「MEGASTAR」の開発に成功。そしてついに、プラネタリウムの製造会社を興すに至りました。

私にとって、プラネタリウムが何故そこまで魅力的だったのでしょうか？　一つは自分の力で星空という一つの空間を丸ごと作り、人々を包み込める事だったと思います。モノ作りというのはとても地味な作業ですが、そこで生まれたものが、多くの人々を魅了するのです。まるでミュージシャンが観客に向けて音楽を演奏するように、自分で作り上げた星空を披露することで人々と繋がることができるというのは大変魅力的でした。

このように私の心を掴んで離さないプラネタリウムですが、今、改めて社会的にも重要な使命を持っているように思います。それは科学者や技術者と、一般社会の人々との橋渡しという役目です。今、私たちの生活を支える科学技術文明は重要な分岐点にさしかかっています。環境やエネルギー、貧困や戦争といった数多くの問題を抱えた近代文明が、今後どのような未来を描けるのか？　そうした問いかけに対して、私たちを包むもっとも大きな世界である宇宙の視点から考えてみる事はとても重要で、それを人々に提示できるのがプラネタリウムだと思うのです。そして科学技術や宇宙開発のあり方について議論の場となり、地球の未来を導く一つの羅針盤のような存在となる、やや大げさですが、プラネタリウムはこれからそのような存在になっていく気がしてなりません。

皆さんも、進化したプラネタリウムにぜひ足を運んでみてください。きっと新しい発見があるはずです。

(おおひらたかゆき)
世界で初めて星の数100万個を超えるレンズ式プラネタリウム「MEGASTAR」を個人開発。2004年、「MEGASTAR-II cosmos」がギネスワールドレコーズに。家庭用に「HOMESTAR」を開発。国内外へのMEGASTAR設置の他、イベントプロデュースや音楽、アートとのコラボなど多方面で活躍。

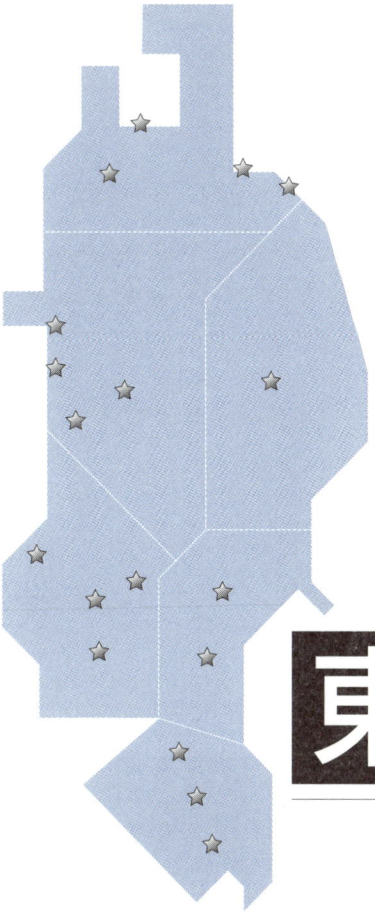

東北

青森市中央市民センター

青森市中央市民センターのプラネタリウムは、1969年10月に開館しました。最近では子どものころに見た方が親になり、自分の子どもを連れて来るということも多く、その魅力は、何と言っても本物の空では味わえない、降るような星のもとで、投影者が肉声で解説するという番組であることです。生解説によるじっくりと星空を見るスタイルで、毎月取りあげる天文に関する事柄や幼児向けでは主に星座にちなんだ絵話を変えています。ぜひ、日常では味わえない、星空の世界を、どうぞご堪能ください。

子どもから大人まで
優しい生解説で魅了します。

DATA
- 青森市中央市民センター（中央市民センター）
- 青森県青森市松原1-6-15 TEL 017-734-0164
- 9:00～22:00（プラネタリウムの個人向け投影は毎週土・日曜日、祝日のみ）
- 毎月第3日曜日、年末年始
- 高校生以上：150円・中学生以下：無料
- 【JR奥羽本線】青森駅よりバスで「堤橋」下車、徒歩7分
- あり（50台）無料
- http://www.city.aomori.aomori.jp/

ドーム直径／10.5m（水平型）
座席数／121席（同心円型）
プラネタリウム機種／
コニカミノルタプラネタリウム（株）
MS-10

八戸市視聴覚センター・八戸市児童科学館

児童科学館のプラネタリウムは、ミノルタ（現コニカミノルタ）製光学式プラネタリウムMS-10を導入しております。恒星の数は、6000個と、肉眼で見える星たちを網羅しております。スライドレスシステムを導入し、大画面の映像をお届けします。番組も自主製作の一般番組のほか、職員生解説の大人向け番組、小中学校の授業内容に合わせた学習投影、幼稚園保育園の子どもを対象に、優しく星を紹介する幼児投影と、各種番組をそろえております。このほか、英語版番組（全編英語）を用意し、海外からのお客様にも番組をお楽しみいただけます。

青森県内では最大級の
プラネタリウムとなっております。

ドーム直径／12m（水平型）
座席数／88席（一方向型）
プラネタリウム機種／
コニカミノルタプラネタリウム（株）
MS-10

DATA
- 八戸市視聴覚センター・八戸市児童科学館（児童科学館）
- 青森県八戸市類家4-3-1　TEL 0178-45-8131
- 8:30～17:00
- 月曜日（祝日の場合は翌日、八戸市内小中学校長期休業中は月曜日も開館）、12/29～1/3
- 大人：250円・高校生：150円・中学生：50円・小学生以下：無料　※土日祝日に限り市内中学生無料
- 【JR八戸線】本八戸駅よりバスで「市民センター前」下車、徒歩3分
- あり（180台）無料
- http://www.kagakukan-8.com/

十和田市生涯学習センター

当館は八甲田連峰の東側に位置する三本木原台地の中央にある十和田市の中心地にあります。プラネタリウムや天体観測室を利用した星空観望会やお月見会などを開催しております。投影する番組は3カ月ごとに入替えし、四季折々の星空を紹介しております。そのほか、夏休みや冬休みなどの期間は平日投影をおこなっております。小学生向けの学習投影や幼稚園・保育園向けの幼児投影などの番組投影をしております。街の明かりで見えにくい星空をプラネタリウムで見ることができます。ぜひ、当館プラネタリウムで素晴らしい星空をお楽しみ下さい。

近くに十和田市現代美術館が有り、徒歩で観覧できます。

ドーム直径／12m（水平型）
座席数／106席（一方向型）
プラネタリウム機種／
（株）五藤光学研究所　DX-AT

DATA
- 十和田市生涯学習センター（十和田市民文化センター）
- 青森県十和田市西三番町2-1　TEL 0176-22-5200
- 9:00～22:00
- 12/29～1/3（プラネタリウム投影日は土・日、祝日のみ）
- 大人：210円・高校生：160円・3歳～中学生：54円・3歳未満：無料
- 【JR新幹線】七戸十和田駅よりバスで「十和田市中央」下車、徒歩5分／【JR八戸線】八戸駅より車で40分
- あり（145台）有料　※要問い合わせ
- http://www.tohoku-kyoritz.co.jp/towada/

弘前文化センター

当館では、約2カ月ごとに投影プログラムを入れ替え、季節に合わせた星空と、時々の天文現象などをテーマとしています。プラネタリウム職員による趣向を凝らした手作りのプログラムは見応えがあると自負しております。子どもからお年寄りまで、幅広い年代の方が楽しみながら星空や宇宙のことを勉強することができます。また、市内の天文台や天文活動団体と連携し、1日のうちにプラネタリウムでわかり易く学習し、天文台へ移動して実際の星空を満喫するなど、年間を通していろいろなイベントを企画・実施しています。

アナログならではの、味わい深い魅力に溢れています！

ドーム直径／10m（水平型）
座席数／87席（同心円型）
※3席は車いす専用
プラネタリウム機種／
コニカミノルタプラネタリウム（株）
MS-10

DATA
- 弘前文化センター（弘前市立中央公民館　プラネタリウム）
- 青森県弘前市下白銀町19-4
  TEL 0172-33-6561
- 8:00～22:00（プラネタリウムは10:30～15:45）
- 火曜日（祝日の場合は翌日）
- 大人：240円・高校生：120円・小中学生：120円・小学生未満：無料
- 【JR奥羽本線】弘前駅よりバスで「文化センター前」下車
- あり（110台）有料　※要問い合わせ
- http://www.city.hirosaki.aomori.jp/chuokominkan/index.html

盛岡市子ども科学館

シャープな星空とダイナミックな映像で迫力空間を演出

「子どもたちに科学する心を！」をミッションに、子どもはもちろん大人も楽しく体験しながら科学・技術に触れることができる施設です。

展示室にはさまざまな展示物が設置され、目で見て、手で触れて、科学・技術を体感できます。また、星座の生解説などのプラネタリウムがあり、美しい星空や映像が楽しめます。そのほか、サイエンスショー・ワークショップ・ナイトミュージアムなど、たくさんのイベントを開催しております。

DATA
- 盛岡市子ども科学館
- 岩手県盛岡市本宮字蛇屋敷13-1　TEL 019-634-1171
- 9:00～16:30　※入館は16:00まで、ナイトミュージアムは第1土曜日
- 月曜日、毎月最終火曜日、年末年始
- 高校生以上：300円・4歳～中学生：100円・3歳以下：無料　（別途展示室入館料あり）
- 【JR東北本線】盛岡駅よりバスで「子ども科学館」下車、または徒歩15分
- あり（普通車110台、大型バス10台）無料
- http://www.kodomokagakukan.com/

ドーム直径／18m（水平型）
座席数／170席（一方向型）
プラネタリウム機種／
（株）五藤光学研究所
SUPER-URANUS／VIRTUARIUM Ⅱ R5

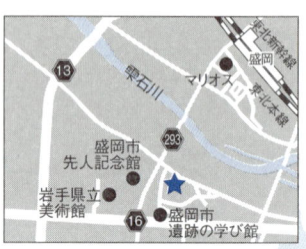

大崎生涯学習センター

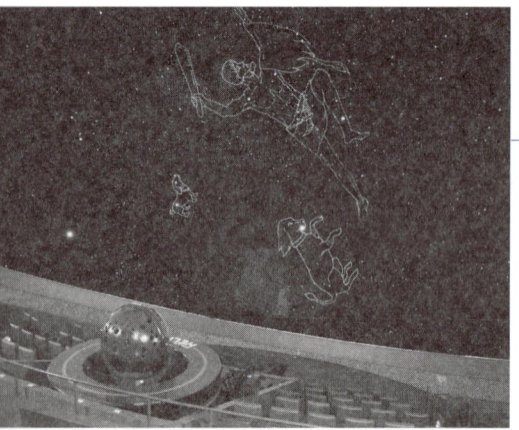

季節の星座解説は、スタッフによる生解説です。

当センターは、大崎地域広域行政事務組合（大崎市、色麻町、加美町、涌谷町、美里町の一市四町）で運営しています。ここには、プラネタリウム館、みんなの部屋、天体ドーム、多目的ホール、視聴覚室、研修室、伝統文化室（和室）があります。プラネタリウム館では、季節の星空がわかりやすく学べるプラネタリウムを、土・日曜日、祝日に投映しています。また、夏休み・冬休み・春休み期間中は、平日も投映をします。小さなお子様から大人まで幅広く楽しめる、季節ごとに4種類の番組とあわせて星座解説をおこなっています。

DATA
- 大崎生涯学習センター（パレットおおさき）
- 宮城県大崎市古川穂波3-4-20　TEL 0229-91-8611
- 9:00～17:00
- 月曜日（国民の祝日にあたる日を除く）、祝日の翌日（土・日・祝日にあたる日は除く）、12/28～1/4
- 大人：600円・高校生：300円・小中学生：200円・幼児：無料
- 【JR陸羽東線】古川駅よりバスで「大崎市民病院」下車、または車で10分
- あり（190台）無料
- http://www.palette.furukawa.miyagi.jp

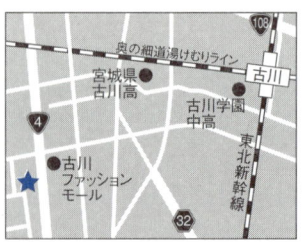

ドーム直径／18m（傾斜型25度）
座席数／150席（一方向型）
プラネタリウム機種／（株）五藤光学研究所　GSS-HELIOS

仙台市天文台

仙台市天文台は1955年、市民・有志による寄付をきっかけに"市民天文台"として開台し、2015年で開台60周年を迎えました。2008年には現在地（仙台市青葉区錦ケ丘）に移転し、リニューアルオープン。「宇宙を身近に」を施設のミッションに、多彩なプラネタリウム番組の投映や、コミュニケーションを重視した展示室、口径1.3mの「ひとみ望遠鏡」による天体観望会など、市民を宇宙へと誘う感動と賑わいのライブスペースです。市民と星空とのコラボレーションイベントなども多数開催しています。

プラネタリウムはお好みに合わせて選んで楽しさ倍増！

DATA
- 仙台市天文台
- 宮城県仙台市青葉区錦ケ丘9-29-32 TEL 022-391-1300
- 9:00〜17:00 ※土曜日は21:30まで・展示室は17:00まで
- 水曜日・第3火曜日（祝休日の場合はその直後の平日）・12/29〜1/3
- [プラネタリウム1回または展示室のみ] 大人：600円・高校生：350円・小中学生：250円・幼児：無料（セット券あり）
- 【JR仙山線】愛子駅よりバスで「錦ケ丘7丁目北・仙台市天文台前」下車、徒歩5分
- あり（125台）無料
- http://www.sendai-astro.jp/

ドーム直径／25m（水平型）
座席数／270席（一方向型）
※車いす8台まで
プラネタリウム機種／
（株）五藤光学研究所
CHIRON／VIRTUARIUM II

由利本荘市文化交流館カダーレ

由利本荘市文化交流館「カダーレ」の中にある「自然科学学習室2」で上映しています。フルハイビジョンのプロジェクターを2台採用した全天周デジタル映像システムで、ドーム周囲から投影します。つなぎ目がなく良質で圧倒的な迫力の映像が楽しめます。「自然科学学習室2」はプラネタリウム以外でも多目的に使用される部屋のため、プラネタリウム専用の椅子はなく、シートを敷いて見てもらっています。担当は由利本荘市教育委員会の機関の一つである理科教育センターです。

季節の星座と神話を
美しい映像で紹介しています。

DATA
- 由利本荘市文化交流館カダーレ
- 秋田県由利本荘市東町15 TEL 0184-22-2500
- 上映予定については、理科教育センター（カダーレ内 TEL:0184-22-3166）までお問い合わせください。（カダーレの休館日は毎月第2火曜日・第4火曜日、年末年始の休業日）
- 理科教育センターが企画する市民対象のプラネタリウム教室は無料　※市外からの依頼時は有料で1時間1030円
- 【JR羽越本線】羽後本荘駅より徒歩4分
- あり（150台）無料
- http://kadare.net/（カダーレ）

ドーム直径／10m（傾斜型13.38度）
座席数／70名（座席なし・シートを敷いて配置）
プラネタリウム機種／
（株）五藤光学研究所　VIRTUARIUM II

由利本荘市スターハウス　コスモワールド

晴れた夜には、プラネタリウム
と同じ星座を楽しめます。

鳥海山を臨む鳥海高原由利原青少年旅行村内にある当館は、キャンプ場・サイクリングターミナルに併設された天体観測施設です。晴れた月の無い夜には、天の川が見える好条件の場所にあり、プラネタリウムでは、その日の20時の星空を体験できます。ロビーには天体に関する図書コーナーがあり、自由に閲覧することもできますし、天体写真の展示もおこなっています。またドームには60cmジンデン反射望遠鏡と15cmの屈折望遠鏡があり、迫力の太陽や月、惑星や星雲、星団などを楽しみこともできます。（天体は不定期開館）

DATA
- 由利本荘市スターハウス「コスモワールド」
- 秋田県由利本荘市西沢字南由利原358
  TEL 0184-53-2008
- 13:00～17:00
- 5～10月中旬は平日（由利本荘市の小中学校夏期休暇中は月・火曜日）
- 高校生以上：320円・小中学生：220円・幼児：無料
- 【JR羽越本線】羽後本荘駅より車で30分
- あり（10台）無料
- http://www.city.yurihonjo.akita.jp/

ドーム直径／約10m（水平型）
座席数／40席（同心円型）
プラネタリウム機種／
コニカミノルタプラネタリウム（株）
MS-6

秋田県児童会館　みらいあ

全国で唯一、無料で見ることが
できるプラネタリウム。

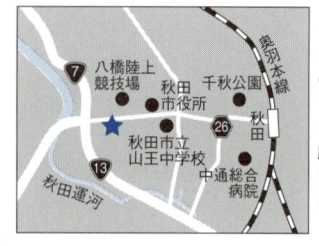

プラネタリウムや図書室、さまざまな遊具や展示物、読みきかせやいろいろな体験講座、劇場での催しなど親子連れをはじめ誰でも楽しむことができる大型児童施設です。プラネタリウムは、最新鋭のデジタル式プラネタリウム「MEDIAGLOBE-III」を導入！従来機種の2倍以上の高画質化を実現しただけでなく、地球から見た星空はもちろん、美しい地球の姿を宇宙から眺めたり、太陽系から銀河系、そして、137億光年先の宇宙の果てまでの宇宙旅行を体験するような映像を投映できるようになりました。通常投映は、土・日曜、祝日のみ1日3回上映。平日の団体投映もおこなっておりますのでお問い合わせください。

DATA
- 秋田県児童会館 みらいあ
- 秋田県秋田市山王中島町1-2
  TEL 018-865-1161
- 9:00～17:00
- 月曜日（月曜日が祝日の場合は火曜日）、年末年始
- 無料
- 【JR奥羽本線】秋田駅よりバスで「県立体育館前」下車、徒歩2分
- あり（120台）無料
- http://akita-jidoukaikan.com/

ドーム直径／7.5m（水平型）
座席数／44席（一方向型）
プラネタリウム機種／
コニカミノルタプラネタリウム（株）
MEDIAGLOBE-III

全国プラネタリウムガイド　26

秋田ふるさと村　星空探険館スペーシア

観光施設「秋田ふるさと村」の中にある白い「かまくら」の形をしたプラネタリウムです。2014年3月に東北初「ジェミニスターⅢ」を導入し、美しい星空と臨場感あふれる映像を体感できるプラネタリウム館としてリニューアルしました。高精細デジタル映像による全天周番組のほかに、小学4年生を対象とした学習投映もおこなっており、秋田県内の小学校にご利用いただいております。

また、星や宇宙に関する本があるスペースライブラリー、宇宙食やストラップなどのグッズ販売コーナーもあり子どもから大人まで楽しめます。

美しい映像と音に包まれる非日常空間をお楽しみ下さい。

DATA
- (株)秋田ふるさと村　星空探険館スペーシア
- 秋田県横手市赤坂字富ヶ沢62-46　TEL 0182-33-8800
- 9:30～17:00
- 1月中旬に10日間(機械点検のため休館)
- 一般:520円・学生:410円・小中学生:300円・幼児:無料
- 【JR奥羽本線】横手駅よりバスで15分／【秋田自動車道】横手ICより車で3分
- あり(3000台)無料
- http://www.akitafurusatomura.co.jp/

ドーム直径／23m(傾斜型25度)
座席数／271席(一方向型)
プラネタリウム機種／
コニカミノルタプラネタリウム(株)
INFINIUM α／SUPER MEDIAGLOBEⅡ 4K

鶴岡市中央公民館　プラネタリウム

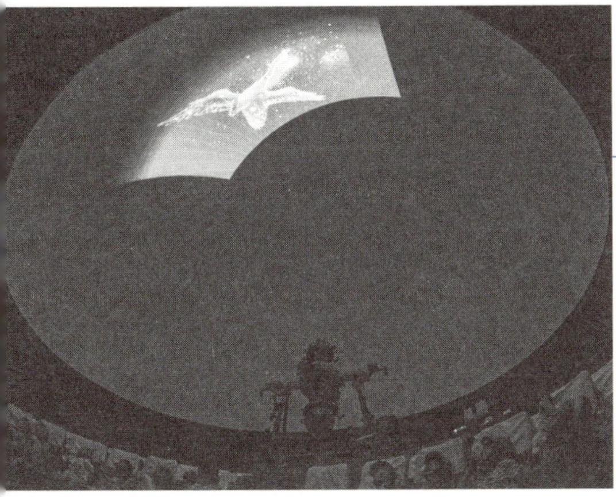

当館のプラネタリウムは山形県庄内地域に唯一のもので、一般公開のほかに庄内全域の小学校の理科の授業や幼稚園保育園の七夕やクリスマスのイベントとしても活用されています。また、昨年からリラクゼーション(アロマ)の効果を取り入れた番組も制作しており、好評を得ています。7月　星と音楽のプラネタリウム(七夕)／7月　夏のプラネタリウム(一般番組)／9月　天文移動教室(小学校対象)／12月　星と音楽のプラネタリウム(クリスマス)／2月　星と音楽のプラネタリウム(ヒーリングタイム)／3月　春の一般公開(一般番組)

※日程については、お問い合わせください。

「星と音楽のプラネタリウム」は指導員が制作し、上映しています。

ドーム直径／10m(水平型)
座席数／78席(扇型)
プラネタリウム機種／
コニカミノルタプラネタリウム(株) MS-10

DATA
- 鶴岡市中央公民館　プラネタリウム
- 山形県鶴岡市みどり町22-36　TEL 0235-25-1050
- 不定期(プログラムに合わせて開館)
- 不定期(プログラムに合わせて開館)
- 高校生以上:140円・3歳～中学生:60円・3歳未満:無料
- 【JR羽越本線】鶴岡駅よりバスで「中央公民館前」下車
- あり(54台)無料
- http://www.city.tsuruoka.lg.jp/

北村山視聴覚教育センター

北村山視聴覚教育センターでは土曜日の午前・午後1回ずつ、映画とプラネタリウムの一般公開をおこなっております。予約不要・無料でどなたでもご利用いただけます。

平日にもご予約いただくことで映画やプラネタリウムをご覧いただけます（団体のみ）。また、センターまつりではさまざまなイベントをご用意して皆様をお待ちしております。

月食や彗星接近など天文イベントに合わせて観望会を開催いたします。観望会、センターまつりなどの情報はホームページにて随時お知らせいたします。

土曜日の一般公開は無料でご利用いただけます。

DATA
- 北村山視聴覚教育センター（視聴覚センター）
- 山形県村山市中央1-3-6　TEL 0237-55-4211
- 8:30～18:15（平日）、8:30～17:15（土曜日）
- 日曜日、祝日（土曜日含む）、年末年始、第5土曜日
- 高校生以上：100円・小中学生：50円・幼児：50円（北村山地区内のみ減免措置あり）
- 【JR奥羽本線】村山駅より車で5分、または徒歩15分
- あり（50台）無料
- http://www1.kavec.murayama.yamagata.jp/

ドーム直径／8m（水平型）
座席数／70席（同心円型）
プラネタリウム機種／
コニカミノルタプラネタリウム(株)
MS-8

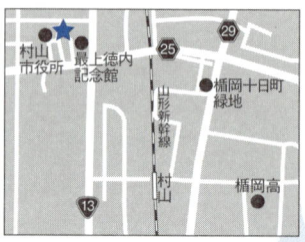

山形県朝日少年自然の家

山形県のほぼ中央、標高200mの左沢楯山城跡の一角に位置し、朝日連峰をはじめ、月山・葉山・蔵王・白鷹の山々が一望される景勝の地にあります。眼下には山形県の母なる川最上川が流れ、そのほとりには国の重要文化的景観に指定された左沢の街並みが広がっています。山形県朝日少年自然の家は、小・中学生を中心として幼児や一般成人など幅広く受け入れております。毎年春と秋には、プラネタリウム一般公開をおこない、大盛況をいただいています。プラネタリウムは、利用団体にも上映をおこなっています。一般公開の日時などにつきましては、ホームページでお知らせいたします。

季節に合った上映をしており、ぜひ、ご利用ください。

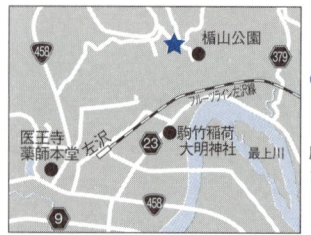

ドーム直径／8.8m（水平型）
座席数／80席（同心円型）
プラネタリウム機種／
コニカミノルタプラネタリウム(株)
MS-8

DATA
- 山形県朝日少年自然の家
- 山形県西村山郡大江町大字左沢字楯山2523-5　TEL 0237-62-4125
- 8:30～17:15
- 月曜日、第3日曜日（第3日曜日の翌日の月曜日は利用可）
- 無料　※大人だけの利用は1団体630円
- 【JR左沢線】左沢駅より徒歩15分
- あり（35台）無料
- http://www.pref.yamagata.jp/ou/kyoiku/702002/

米沢市児童会館

当館は、児童が日常生活の中で、社会性、自主性及び創造性をはぐくみ、主体的な自己開発の実現に資するため、教育・文化施設として、1983年10月に設置され、プラネタリウムも同時にオープンしました。館内には様々な遊具があり楽しむことができ、図書コーナーでは貸し出しもしています。
また、小中学生対象の各講座をはじめ、様々なイベントの実施もしています。乳幼児から中学生までの子どもさんとその保護者の方が、無料で自由に利用できる施設です。プラネタリウムは、米沢市のみならず近隣の市町の保育園、幼稚園、小学校でもご利用いただいています。

山形県置賜地方唯一の
プラネタリウム

DATA
- 米沢市児童会館
- 山形県米沢市丸の内1-3-47
  TEL 0238-23-0161
- 9:30〜17:00(7、8月：9:30〜17:30)
- 月曜日(祝日の場合は翌日)
- 無料
- 【JR奥羽本線】米沢駅よりバスで「上杉神社前」下車、徒歩6分
- あり(15台、冬期は10台)無料
- http://www.yonejidou.jp/

ドーム直径／10m(水平型)
座席数／82席(一方向型)
プラネタリウム機種／
(株)五藤光学研究所
PANDORA Ⅱ HYBRID

福島市子どもの夢を育む施設　こむこむ館

「こむこむ」は、福島市の教育文化複合施設です。出会いの空間の1階、交流空間の2階、体験空間の3階、感動空間の4階と、それぞれの目的に合わせて楽しみながら学ぶことができます。4階のプラネタリウムにおいても、小さなお子様から大人まで幅広い世代の方に楽しんでいただけるよう、様々な番組を投影しています。福島駅東口から徒歩3分とアクセスも便利です！ぜひご家族皆様でこむこむプラネタリウムへお越しください。

子どもも大人も一緒に、楽しみ
ながら学べる教育文化複合施設

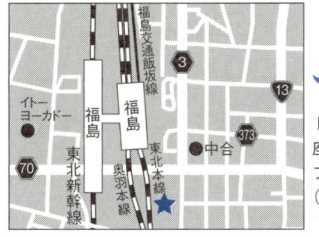

ドーム直径／15m(水平型)
座席数／120席(一方向型)
プラネタリウム機種／
(株)五藤光学研究所
SUPER-URANUS／VIRTUARIUM Ⅱ

DATA
- 福島市子どもの夢を育む施設　こむこむ館
  (こむこむ)
- 福島県福島市早稲町1-1
  TEL 024-524-3131
- 9:30〜19:00
  ※レイトショーは毎月第3金曜日
- 火曜日(祝日の場合は翌日、ただし学校の長期休業期間中を除く)、12/31、1/1
- 大人：300円・高校・大学生：200円・中学生以下：無料
- 【JR】福島駅より徒歩3分
- なし
- http://www.city.fukushima.fukushima.jp/site/comcom/

郡山市ふれあい科学館

当館のプラネタリウムは、「世界一地上から高いところにあるプラネタリウム」としてギネス認定されています。普段暮らす地上から星に近いところにあるプラネタリウムと、さまざまな展示物で宇宙への夢を膨らませていただける科学館です。

プラネタリウムは生解説で、専任のスタッフがその時々にあわせた内容で投影をおこなっています。番組は年齢・対象別に複数のテーマを自主制作で投影しています。お越しいただくたび、新たな宇宙の楽しみを見つけていただけます。

デジタルプラネタリウムによる宇宙のダイナミックな姿、そして美しい星空

ドーム直径／23m（傾斜型25度）
座席数／238席（一方向型）
※ベビーカー：入口預かり
プラネタリウム機種／
（株）五藤光学研究所
SUPER-HELIOS／VIRTUARIUM Ⅱ R4

DATA
- 郡山市ふれあい科学館（スペースパーク）
- 福島県郡山市駅前2-11-1　ビッグアイ20〜24F　TEL 024-936-0201
- 10:00〜17:45　※レイトショーは毎週金曜日
- 月曜日（祝日の場合は翌日、ただし夏休みなどは開館）、12/31、1/1
- [宇宙劇場]大人：400円・高校・大学生：300円・小中学生：200円・幼児：100円
- 【JR】郡山駅より徒歩1分
- なし　※近隣に民間駐車場が多数あり

http://www.space-park.jp/

棚倉町文化センター

棚倉町文化センター（倉美館）は、棚倉町の『創る』『育てる』『触れる』の3つの願いを込めて作られた教育文化施設です。

プラネタリウムは、客席92席でデジタル投映機に改修し落ち着いて鑑賞できます。ドームに映し出される星座は、お子さま、学生、一般など、対象に合わせ様々なプログラムをご用意してあります。

通常は予約制を設けて上映しています。また、8月21日の『県民の日』においては、無料で開放しております。

県民の日である8月21日に無料上映をおこなっています。

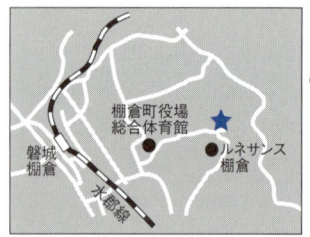

ドーム直径／11m（水平型）
座席数／92席（一方向型）
プラネタリウム機種／
（株）アストロアーツ
STELLA DOME PRO

DATA
- 棚倉町文化センター（倉美館）
- 福島県東白川郡棚倉町大字関口字一本松58　TEL 0247-33-0111
- 9:00〜17:00
- 月曜日、祝祭日
- 大人：308円・高校生：108円・小中学生：51円・幼児：無料
- 【JR水郡線】磐城棚倉駅より徒歩15分、または車で5分
- あり（150台）無料

http://www.town.tanagura.fukushima.jp/

全天周映像の楽しみ　KAGAYA

わたしは2006年に全天周映像作品「銀河鉄道の夜」を公開しました。この作品はこれまでに100館を超えるプラネタリウムドームで上映され、100万人以上の方に見ていただくことができました。また、いろいろな国の言葉に翻訳され、世界へ向けて配給もされました。

この作品を作るのに3年間かかりました。子供のころから想像していた「銀河鉄道の夜」の景色を、目に見える形で表現したい、それもあやふやな印象ではなく、目の前に本当に広がっているかのようなはっきりとした形で。その探求心が制作の原動力でした。

思い描いた画を表現する方法はその時代によって変化し多様化していきます。コンピューターを使い、アニメーションを作り、没入感のある全天周映像を作ることは、近年始まった新しい手法です。実体験に近い印象で制作側のメッセージを伝えられることだと思います。それにふさわしいテーマはたくさんあります。

この方法を含めた作品創出は困難もありましたが、やりがいもあり夢中になりました。

この10年で上映施設は増え、画質も向上してきました。わたしは「銀河鉄道の夜」以降、それまで絵画やイラストが主体だった制作スタイルを変え、全天周映像作品を作り続けています。今、思い描いたイメージを多くの方に伝えるには最高の手法だからです。

全天周映像が他のメディアと大きく違うのは、視界を覆う大きな画と音で包み込むことによって、とてつもない手法であり、ますます重要になってくるでしょう。

プラネタリウムの新しい楽しみ方として、お気に入りの全天周映像を何度も見に行く、興味のあるテーマの全天周映像を上映しているから遠方の施設へ出かけていく、といった声が最近多く聞かれるようになりました。全天周映像はそのきっかけの一つとして大いに活躍していくことと思います。

全天周映像は制作の技術的なハードルが高く手間もかかりますが、行くことができない地球上のあらゆる場所、宇宙の果て、さらには想像の世界にまで人を連れて行き、イメージ体験させられます。

宇宙や自然について学ぶとき、好きになることや感動することが一番です。インパクトのある全天映像はプラネタリウムの可能性を広げ、ますます進化していくのでわたしもワクワクしています。

（KAGAYA）
宇宙と神話の世界を描くアーティスト。「銀河鉄道の夜」をはじめ「スターリーテイルズ」「富士の星暦」など全天周映像のヒット作品を制作。天文普及とアーティストとしての功績をたたえられ、小惑星11949番はKagayayutaka（カガヤユタカ）と命名されている。

星空の下へと出かける前にはプラネタリウムへ

株式会社ビクセン　都築 泰久

「わぁ、プラネタリウムみたい！」キャンプ場や野外音楽フェスなどで星空観望会を開催して、お客様に夜空を見上げていただくと、こんな驚きの声を耳にします。

こうしたイベントでは、初めてじっくりと星を見ましたという方も多いのですが、「星に興味はありますか？」と尋ねると、「プラネタリウムにはよく行きます」、「プラネタリウムが子どもの頃から好きです」という答えが返ってきます。それと同時に、プラネタリウムで覚えた星座を実際の星空で見つけ出せたことに興奮し、目を輝かせます。

ただ漠然と星を見ることも十分に楽しいのですが、少し知識をもって星空を望み、自分で星座や天体などを見つけた時、そこには大きな感動があります。星座のなりたちからギリシャ神話を思い起こすことや、木星や土星といった惑星、アンドロメダ銀河、すばるなどの天体を自分で探し出すことができるのです。

プラネタリウム解説で聞いた、季節の星座を探し始める方もいらっしゃいます。プラネタリウムと実際の空ではスケールが違うので、星空の中に目的の星座を見つけるイベントのひとつとして、プラネタリウムで星空を体験する貴重な場となっていることを実感します。

と、その大きさにみなさん驚かれます。街灯の明るい街に住んでいると、満天に星をみつけ出せる機会は少ないのでしょう。プラネタリウムが星空を体験する貴重な場となっていることを実感します。

プラネタリウムでの解説のすぐ後、屋外に出て星空観望会を行うことがありますが、いつもたいへん好評です。いきなり星空を見上げて説明をするよりも、わかりやすいのでしょう。

プラネタリウムに出かけたなら、星空に秘められたいろんな話によく耳を傾けてみてください。そして、その知識を持って実際の星の下へと出かけましょう。輝く満天の星々に、プラネタリウムで聞いたお話が重なり、きっと、さらに素敵な物語がみなさんの心の中に生まれてくるはずです。

（つづきやすひさ）
1967年静岡県生まれ。天体望遠鏡や双眼鏡を扱う総合光学機器メーカービクセンの取締役、企画部部長。日食グラスの普及、「宙ガール」発案、「宙フェス」開催など、天文趣味拡大のための新しい取り組みを実施。プラネタリウムとのコラボレーション企画なども手がける。

全国プラネタリウムガイド　32

関東

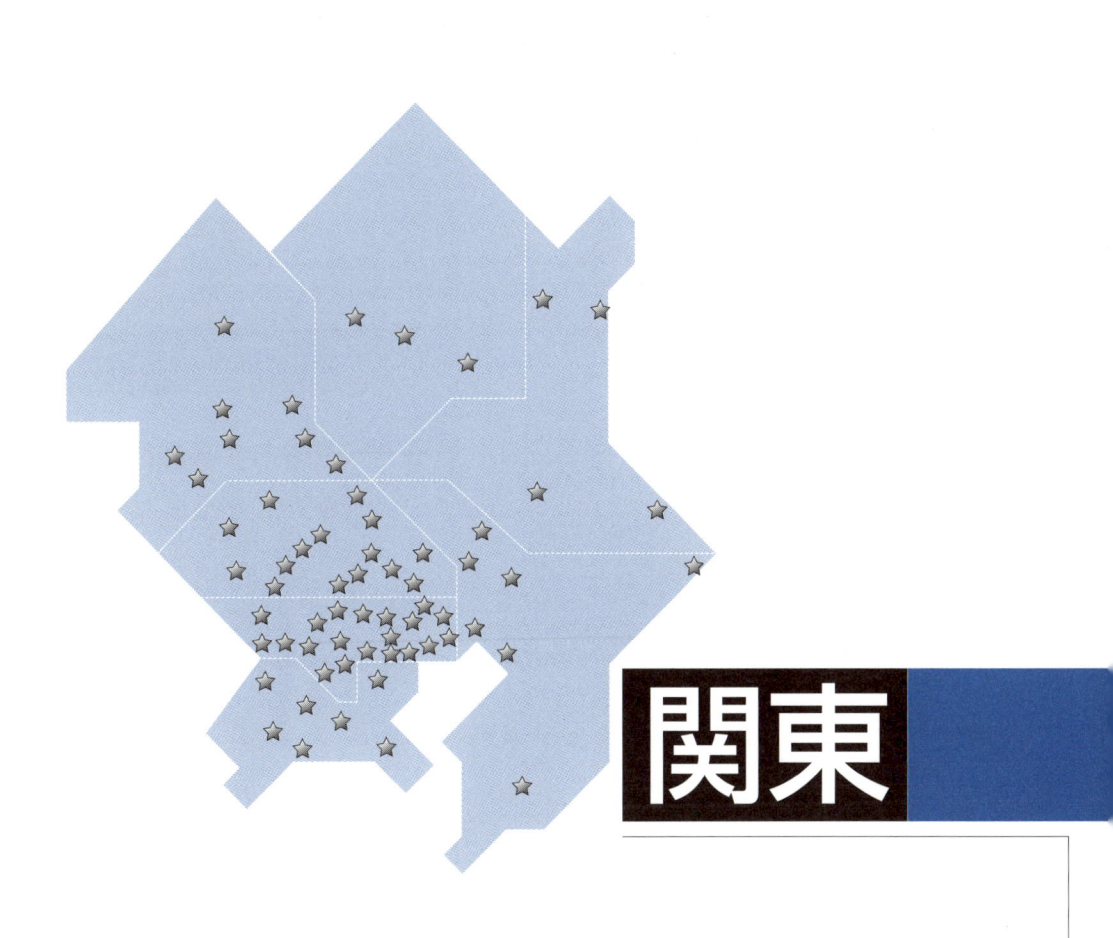

日立シビックセンター科学館　天球劇場

2011年7月にプレアデスシステムにリニューアル。MEGASTARの美しい星空、Univiewの壮大な宇宙が22mドームに広がります。フランス・キネット社製のシートで気持ち良くご鑑賞下さい。多彩な生解説が全ての上映に入り、特に毎日14時30分の「星と宇宙を楽しむプラネタリウム」は、日立ならではのフル生解説プログラムとして好評を得ています。独自色の強いオリジナルプラネタリウム番組の上映や、通常の上映以外にも大人向けの夜の特別上映を定期的に開催しています。ほかジャンルとコラボレーションする催しもおこなっています。

通常の生解説はもちろん、特別上映も必見！

ドーム直径／22m（傾斜型22.5度）
座席数／226席（一方向型）
プラネタリウム機種／
(有)大平技研 MEGASTAR-IIA(ES)
(株)オリハルコンテクノロジーズ Uniview

DATA
- 日立シビックセンター科学館　天球劇場
- 茨城県日立市幸町1-21-1　日立シビックセンター内（9〜10F）
  TEL 0294-24-7731
- 10:00〜18:00　※入館は17:00まで
- 毎月最終月曜日（祝日の場合は開館）、年末年始
- 高校生以上：520円・小中学生：320円・幼児：無料
- 【JR常磐線】日立駅より徒歩3分
- あり（255台）有料　※要問い合わせ
- http://www.civic.jp/

常陸大宮市パークアルカディア　プラネタリウム館

プラネタリウムは、最新の高精細プロジェクターによる全天周デジタル映像システムで壮大な宇宙ショーを演出しています。一等星から6・25等星まで約6200個の恒星と20個のブライトスターおよび4星雲5星団を写しだすこともできます。スライドやビデオなどの映像を上映することもできる施設です。100名収容可能なホールとなりミニステージ、音響設備もあり、楽器演奏にも適しています。また、プラネタリウム室を貸し切ることもできるので、会社の研修や合宿施設としても利用できます。

多目的な利用ができるプラネタリウム館で楽しもう！

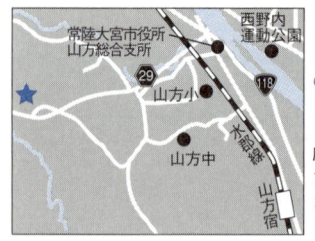

ドーム直径／12m（水平型）
座席数／100席（一方向型）
プラネタリウム機種／
コニカミノルタプラネタリウム(株) MS-10

DATA
- 公益財団法人常陸大宮市振興財団　常陸大宮市パークアルカディア　プラネタリウム館
- 茨城県常陸大宮市山方5672-12
  TEL 0295-57-6161
- 9:00〜17:00
- 月曜日・毎月第四火曜日（祝祭日の場合は翌日）・12/29〜1/3
- 高校生以上：300円・小中学生：100円・幼児：50円
- 【JR水郡線】山方宿駅より徒歩30分、またはタクシーで5分
- あり（100台）無料
- http://hitachiomiya-sinkouzaidan.opal.ne.jp/purakan/

全国プラネタリウムガイド　34

大野潮騒はまなす公園

360度が見渡せる展望台と併設され、内部には資料館、ギャラリーと共にプラネタリウムが設置され、2010年に投影機器を変え、自動解説で本日の8時に見られる星座、惑星の位置などの移り変わりを上映しています。

幼児向け、小学生向け、4年生には星座絵、惑星など学習内容に応じて、一般向けなど客層によって番組を変えて1日11時、13時、14時、15時の4回上映。日曜祭日は10時より5回上映しています。

小学生4年生向けに独自に
星座図、絵などの上映、
解説をしています。

DATA
- 大野潮騒はまなす公園（はまなす公園）
- 茨城県鹿嶋市角折2096-1
  TEL 0299-69-4411
- 9:00～16:30
- 月曜日（祝日の場合は翌日）
- 大人：300円・高校生以下：200円
- 【大洗鹿島線】長者ヶ浜潮騒はまなす公園前駅より徒歩10分
- あり（250台）無料

HP：なし

ドーム直径／10m（水平型）
座席数／50席（一方向型）
プラネタリウム機種／
コニカミノルタプラネタリウム（株）
MEDIAGLOBE-Ⅲ

つくばエキスポセンター

研究機関が集まるつくばの中心で宇宙・海洋・エネルギー・ナノテクノロジー・生命科学・地球環境などの科学技術を見て触れて楽しめる科学館です。毎月テーマを変えて「あっ！」と驚く不思議で楽しい「サイエンスショー」や、身近な材料で工作する「科学教室」を実施しています。直径25.6mある世界最大級のプラネタリウムでは、季節ごとにオリジナル番組を上映しています。オリジナル番組は日本語字幕と副音声（日本語、英語）をご利用いただけます。

©（公財）つくば科学万博記念財団

「オリジナル番組」「星空生解説」
など多彩なプログラムを上映！

ドーム直径／25.6m（傾斜型）
座席数／232席（一方向型）
プラネタリウム機種／
コニカミノルタプラネタリウム（株）
INFINIUM L／SKYMAX DSⅡ-R2

DATA
- つくばエキスポセンター
- 茨城県つくば市吾妻2-9
  TEL 029-858-1100
- 9:50～17:00（12・1月の平日のみ16:30閉館）
- 月曜日（祝日の場合は翌日）、月末最終火曜日、年末年始
- 大人：820円・こども（4歳～高校生）：410円・3歳以下：無料（入館料込み）
- 【つくばエクスプレス】つくば駅A2出口より徒歩5分
- あり（60台（大型バス20台））有料　※要問い合わせ

http://www.expocenter.or.jp/

鹿沼市民文化センター

プラネタリウム、天体観測室のほか、大・小ホールやリハーサル室、各種会議室、視聴覚室、多目的ギャラリー、和室などを備えた複合施設です。芸術・文化・科学を含めた情報発信拠点になっています。プラネタリウムでは、天体観望会、実験教室、星砂工作、映画会、コンサート、社会人落語、バックステージツアーなど、楽しいイベントを随時開催しております。また、存在感のあるプラネタリウムを活用し、たくさんのアーティストのミュージックビデオ撮影がおこなわれました。

天体観望会、映画会などを随時開催中！

DATA
- 鹿沼市民文化センター
- 栃木県鹿沼市坂田山2-170 TEL 0289-65-5581
- 8:30～21:30
- 火曜日（祝日の場合は翌日）、年末年始
- 大人：300円・高校生：200円・小中学生：100円（土曜日無料）・幼児：無料
- 【JR日光線】鹿沼駅・【東武日光線】新鹿沼駅より市内巡回バスリーバスまちなか線、「文化センター」下車
- あり（327台）無料
- http://www.bc9.ne.jp/~kousya/

ドーム直径／13m（水平型）
座席数／137席（一方向型）
プラネタリウム機種／
（株）五藤光学研究所 GX-AT

栃木県子ども総合科学館

当館の展示は「身近な科学」・「宇宙の科学」・「地球の科学」・「生命の科学」・「情報の科学」・「エネルギーの科学」・「乗り物とロボットの科学」・「遊びの世界」で構成しています。

展示物は参加型の展示に主眼をおき、稼動装置や実験装置、実演などを多く取り入れ、体験を通して理解しながら科学に親しみが持てるよう工夫しています。

またプラネタリウムでは、充実した投影機能により、地球上から見た天体の動きに加え、美しい星空の世界を、最新の話題もおりまぜながら演出します。

体験型の展示と美しい星空のプラネタリウム

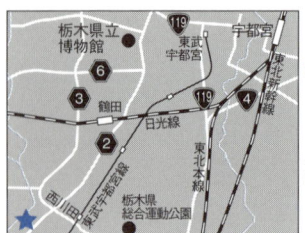

ドーム直径／20m（水平型）
座席数／280席（一方向型）
※ベビーカー：入口預かり
プラネタリウム機種／
（株）五藤光学研究所 GL-DIGITAL

DATA
- 栃木県子ども総合科学館
- 栃木県宇都宮市西川田567 TEL 028-659-5555
- 9:30～16:30
- 月曜日（祝日を除く）、毎月第4木曜日（3・7・8月および祝日の場合を除く）、祝日の翌日、年末年始
- 高校生以上：210円・小中学生・幼児：100円（4歳未満無料）
- 【東武宇都宮線】西川田駅より徒歩20分
- あり（バス210台、車724台、自転車バイク200台）無料
- http://www.tsm.utsunomiya.tochigi.jp/

真岡市科学教育センター(もおか)

本センターは真岡市内の小・中学校児童・生徒の理科学習施設として1993年に建設されました。平日の午後や夏休みには市内外の団体を受け入れています。プラネタリウム一般公開は、毎週土曜日と夏休みの特別期間、また不定期で科学の広場などを開催しています。プラネタリウムでは、本当の星空だとなかなか出会えない満天の星たちに出会えます。

生解説を聞きながら、星たちと素敵な時間を過ごしてみませんか。

星空案内人の個性豊かな生解説!!

DATA
- 真岡市科学教育センター
- 栃木県真岡市田町1349-1　TEL 0285-83-6611
- 8:30～17:15
- 休：夏休み特別公開など以外の土日、祝日、年末年始 ※公開日はHPで確認
- ¥：高校生以上：200円・小中学生：100円・小学生未満：無料
- 駅：【真岡鉄道】真岡駅より徒歩約20分【JR宇都宮線】宇都宮駅より車で35分
- あり(100台)無料
- http://www.city.moka.tochigi.jp/sections/18.html

ドーム直径／18m(水平型)
座席数／165席(一方向型)
プラネタリウム機種／(株)五藤光学研究所 G1518si

利根沼田文化会館

1975年に開館し、40年が経過する古い投影機がまだまだ現役でがんばっています。

47席というこじんまりした空間で、今では珍しくなったマニュアル投影、生解説で投影しています。難しいことは一切しません。満天の星空を見て「綺麗だ」と感じていただければそれがイチバン！をモットーに投影しています。

一般投影は、土曜日の14時からのみですが、ほっと一息つけるようなゆったりとした星空のご紹介です。

意外と癒やされるかもしれませんよ。

昭和レトロな投影ですが、ぜひ見に来てください。

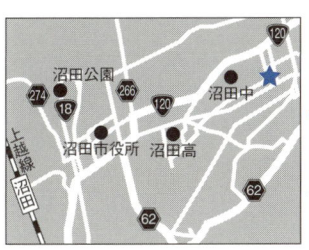

ドーム直径／8m(水平型)
座席数／47席(同心円型)
プラネタリウム機種／(株)五藤光学研究所 GS-8

DATA
- 利根沼田文化会館
- 群馬県沼田市上原町1801-2　TEL 0278-24-2935
- 9:00～22:00
- 休：月曜日、年末年始
- ¥：無料
- 駅：【JR上越線】沼田駅より車で10分
- あり(150台)無料
- http://www.oze.or.jp/~kaikan/

桐生市立図書館

1979年11月から投影しております。当初の機器をそのまま使用しておりますので、人を驚かすような演出などはありません。四季の星座の紹介と星座神話（既存のソフトを使用）、話題の天文現象については生で解説しております。時間内でできるだけ"星空の素晴らしさ"を伝えられるように願っています。また、屋上の天体観測室を利用して年に数回天体観察会を開催し、地元の天文同好会の会員を講師に招き望遠鏡を操作するなど、星空への興味がより深まるような活動もおこなっています。

手作り感あふれた親しみやすい
プラネタリウムを目指しています。

DATA
- 桐生市立図書館（桐生市中央公民館併設）
- 群馬県桐生市稲荷町1-4　TEL 0277-47-4341
- 9:00〜19:00（火〜土曜日）、9:00〜17:00（日曜日）、9:00〜16:00（月末館内整理日） ※プラネタリウム投影は要問い合わせ
- 月曜日、国民の祝日、年末年始
- 無料
- 【JR両毛線】桐生駅より徒歩8分
- あり（130台）無料
- http://www.city.kiryu.gunma.jp/web/home.nsf/doc/a8761c42a587ccd949257d0000005c42?OpenDocument

ドーム直径／8m（水平型）
座席数／50席（同心円型）
プラネタリウム機種／
（株）五藤光学研究所 GS-8

前橋市児童文化センター

前橋市児童文化センターは、子どもたちの科学や文化芸術への理解と関心を高め、心身の健全な育成を図るために設置された、「学び」と「遊び」の活動交流拠点です。

訪れた子どもたちにとって、いつ来ても「ふしぎがいっぱい」「体験がいっぱい」「遊びがいっぱい」の施設を目指し、プラネタリウムのほか、ゴーカートやわくわくチャレンジコーナーなど、さまざまな事業を展開していきます。

生解説と毎月更新される
オリジナル制作番組が目玉です。

ドーム直径／12m（水平型）
座席数／100席（同心円型）
プラネタリウム機種／
（株）五藤光学研究所
CHIRON II／VIRTUARIUM II

DATA
- 前橋市児童文化センター（児童文化センター）
- 群馬県前橋市西片貝町5-8　TEL 027-224-2548
- 9:00〜16:30（学校の夏季休業中は17:00）
- 月曜日・第2木曜日（祝日の場合は翌日）、12/29〜1/3
- 高校生以上：300円・小中学生：100円・幼児：無料
- 【上毛電鉄】城東駅より徒歩5分／【マイバス】東循環「児童文化センター」下車すぐ
- あり（243台）無料
- http://www.jbc.menet.ed.jp/

全国プラネタリウムガイド　38

群馬県生涯学習センター　少年科学館

群馬県生涯学習センター少年科学館では、季節の星座や宇宙について物語風に紹介するプラネタリウムを、平日は1日2回、土・日・祝日は1日4回の投影をおこなっています。プラネタリウムのほかにも、科学の面白さや不思議さを体験しながら学べる科学展示室があります。また、国立天文台提供の立体デジタル映像（Mitaka）を開館日に実施、見て楽しめるサイエンスショーを土曜日に実施、簡単な科学工作が気軽に楽しめる実験コーナーを日・祝日に実施しています。

プラネタリウムや科学展示を、楽しく体験しましょう。

DATA
- 群馬県生涯学習センター　少年科学館
- 群馬県前橋市文京町2-20-22　TEL 027-220-1876
- 9:30～17:00
- 月曜日（祝日の場合は翌日）、12/27～1/5
- 大人：300円・中学生以下：無料
- 【JR両毛線】前橋駅より徒歩20分／【マイバス】東循環「生涯学習センター前」下車、徒歩1分
- あり（350台）無料
- http://www.manabi.pref.gunma.jp/syonen/index.html

- ドーム直径／18m（水平型）
- 座席数／200席（一方向型）
- プラネタリウム機種／（株）五藤光学研究所 GN-AT

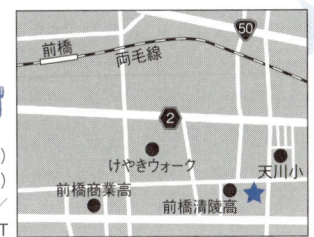

高崎市少年科学館

プラネタリウムの投映や、科学展示、各種教室などを通じて、宇宙と科学の不思議さや面白さを見て・触れて・楽しみながら体験することができます。科学工作教室やパソコン教室も人気で、模型作りや写真シール作りなど親子で楽しめるイベントも盛りだくさんです。プラネタリウムは月曜を除き火曜～金曜は1日2回、土・日曜には1日に4回の投映をおこなっています。ファミリーを対象とした「子ども向け番組」と、当館企画制作を中心とした「一般向け番組」があります。

当館オリジナル作品は、いつも新たな宇宙との出会い！

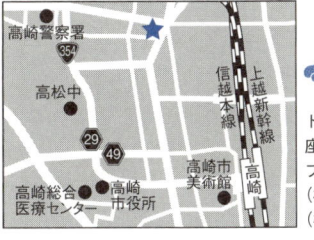

- ドーム直径／21m（水平型）
- 座席数／315席（扇型）
- プラネタリウム機種／（株）五藤光学研究所 GL-AT　（株）リブラ HAKONIWA 3

DATA
- 高崎市少年科学館
- 群馬県高崎市末広町23-1　TEL 027-321-0323
- 9:00～17:00
- 月曜日（祝日の場合は翌日）、年末年始（※春・夏・冬休み期間中の月曜日は開館）
- 高校生以上：310円・小中学生：150円・幼児：無料
- 【JR高崎線】高崎駅より徒歩25分
- あり（171台＋80台）無料
- http://www.t-kagakukan.or.jp/

ぐんまこどもの国児童会館

乳幼児から祖父母まで多世代で楽しめる大型児童館です。売店や授乳室も完備しており、1日ゆっくり過ごすことができます。

体験しながら遊べる科学展示室や工作ができるクラフトルーム、パソコンルーム、こども図書室など年間を通じて様々な催し物をおこなっています。

望遠鏡を使っての夜間天文観望会では本物の星を見ます。またプラネタリウムの中では親子遊びなどを取り入れた「親子プラネタリウム」、星空と音楽を組み合わせた「星空コンサート」などもおこなっています。

小さいこどもから
大人まで楽しめます。

DATA
- 公益財団法人群馬県児童健全育成事業団 ぐんまこどもの国児童会館
- 群馬県太田市長手町480 TEL 0276-25-0055
- 9:30〜17:00
- 月曜日（祝日の場合は翌日、長期休み期間は開館）
- 高校生以上：300円・中学生以下：無料
- 【東武桐生線】三枚橋駅より徒歩20分／【東武伊勢崎線】太田駅より車で10分
- あり（600台）無料
- http://kodomonokunijidoukaikan.jimdo.com/

ドーム直径／18m（傾斜型）
座席数／182席（一方向型）
プラネタリウム機種／
コニカミノルタプラネタリウム（株）
INFINIUM β
パナソニック（株）スライドレスシステム（光学＋単眼プロジェクター）

藤岡市みかぼみらい館

直径16.7mの傾斜ドーム、収容人数134名。ステージ付きの季節の星座のオート番組とビデオ番組を組み合わせた投影を実施、また、教育活動として市内の小・中学生への学習投影をおこなっています。癒しの空間事業として、プラネタリウム内で、対象者を決めて星空の下、アロマの香りの中で本の朗読と音楽でリラックスできるイベントも開催しています。

ほかにも夏には子どものための工作づくり、秋には星座早見盤を作って星座探し、冬には望遠鏡を使っての天体観測など楽しいイベントを実施しています。

子どもから大人まで楽しめる癒しの空間づくりをしています。

子どもから大人まで
楽しめる空間

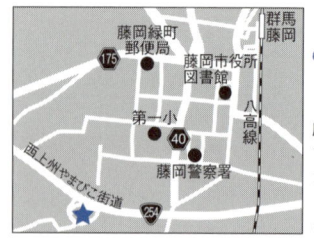

ドーム直径／16.7m（傾斜型）
座席数／134席（一方向型）
プラネタリウム機種／
コニカミノルタプラネタリウム（株）
INFINIUM γ
（株）JVCケンウッド DLA-HD100ベース

DATA
- 藤岡市みかぼみらい館（みらい館）
- 群馬県藤岡市藤岡2728 TEL 0274-22-5511
- 9:00〜17:00
- 火曜日（祝日の場合は翌日）、年末年始
- 高校生以上：300円・小中学生：200円・幼児：無料
- 【JR高崎線】新町駅より車で約20分／【JR八高線】群馬藤岡駅より車で約10分
- あり（660台）無料
- http://www15.wind.ne.jp/~mikabomirai/

向井千秋記念子ども科学館

館林市出身の宇宙飛行士、向井千秋氏の功績を顕彰する科学館です。体験型の科学展示室では、見たり触ったりしながら自然科学の世界を楽しむことが出来ます。中でも、月の重力を疑似体験できる「ムーンウォーカー」が人気です。サイエンスショーや理科工作教室など、身近な科学を楽しむ事業もおこなっています。夜間天体観望会や昼間の星や太陽の黒点を観察する公開天文台を開催し、本物の星を見る機会も提供しています。向井氏が宇宙で使った日用品や宇宙食も展示しています。

2014年7月、デジタルプラネタリウムにリニューアルしました。

DATA
- 向井千秋記念子ども科学館
- 群馬県館林市城町2-2　TEL 0276-75-1515
- 9:00～17:00
- 月曜日（祝日の場合は翌日）、祝日の翌日、年末年始
- 高校生以上：860円・小中学生：210円・幼児：無料（入館料込み）
- 【東武伊勢崎線】館林駅より徒歩20分 【路線バス】「子ども科学館前」下車すぐ
- なし ※周辺に市営無料駐車場あり
- http://www.city.tatebayashi.gunma.jp/kagakukan/

ドーム直径／23m（傾斜型30度）
座席数／240席（一方向型）
プラネタリウム機種／
コニカミノルタプラネタリウム（株）
SUPER MEDIAGLOBE-Ⅱ 4K

加須未来館

加須未来館プラネタリウムでは、2015年3月より、家庭用フルHDテレビの16倍以上、4Kテレビの4倍の高精細映像をお楽しみいただける『8K』の解像度を持つ最新プロジェクターを搭載した単眼式全天周映像システム（デジタル式プラネタリウム）を世界で初めて導入しました。最先端の観測・研究データに基づく宇宙の姿や地球環境、地域の伝統文化の記録映像をはじめとして、子どもたちも楽しめる様々な映像コンテンツを投影しています。市内の小学生を対象としたサイエンススクールや幼児を対象とした星空教室なども実施しています。

単眼式として世界初となる
超高画質の8K映像の
プラネタリウムを導入

ドーム直径／9.5m（水平型）
座席数／66席（一方向型）
プラネタリウム機種／
コニカミノルタプラネタリウム（株）
Media Globe Σ

DATA
- 加須未来館
- 埼玉県加須市外野350-1　TEL 0480-69-2160
- 9:00～17:00
- 火曜日（祝日の場合は翌日）、12/29～1/3
- 100円（ただし市内在住の幼児・65歳以上：無料）
- 【東武伊勢崎線】加須駅より車で15分
- あり（20台）無料
- http://www.kazo-city.or.jp/miraikan/

熊谷市立文化センタープラネタリウム館

熊谷市立文化センタープラネタリウム館は、世界各地の星空や宇宙の神秘を体験していただける科学教育施設です。投影は一般投影と幼児向け投影、理科授業としておこなわれる学習投影があるほか、親子向けのおはなし天文館、星と音楽を中心にした星空の散歩道などがあります。また、毎月第2土曜日と第4土曜日の夜には、屋上の天文台にて天体観察会がおこなわれます。料金は無料で、どなたでもお気軽にご参加いただけます。

熊谷駅から徒歩5分の近い所にありますので、ぜひお越し下さい。

番組は自作で、大人も子どももお気軽に楽しめます。

DATA
- 熊谷市立文化センタープラネタリウム館
- 埼玉県熊谷市桜木町2-33-2 TEL 048-525-4554
- 9:00～17:00
- 休：月曜日（祝日の場合は翌日）、祝日にあたる火～木曜日の翌日、12/28～1/4、毎月第1金曜日（祝日の場合は翌週金曜日）
- 高校生以上：100円・小中学生：50円・幼児：50円
- 【JR高崎線】熊谷駅より徒歩5分
- あり（63台）無料
- http://kumapla.web.fc2.com/

ドーム直径／12m（水平型）
座席数／100席（一方向型）
プラネタリウム機種／
（株）五藤光学研究所 URANUS

埼玉県立小川げんきプラザ

埼玉県立小川げんきプラザ（旧埼玉県立小川少年自然の家）は、幼児から大人まで誰でも利用できる社会教育施設です。標高263mの金勝山の山頂近くの本館・プラネタリウム館からは関東平野を見晴らす眺望が楽しめます。本館宿泊のほか、バンガロー・テントなどのキャンプ場、ハイキングコースなども整備され池や沢、自然林を巡って山の自然を満喫することができます。

2014年4月、全天周デジタルプラネタリウムにリニューアル。投影番組も充実し、ステラドーム・プロによる正確な星座を楽しむことができます。

自然体験・星との出会いのプラザ。
本館・バンガローで宿泊OK

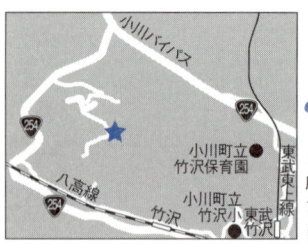

ドーム直径／16m（水平型）
座席数／126席（一方向型）
プラネタリウム機種／
（株）リブラ HAKONIWA 3

DATA
- 埼玉県立小川げんきプラザ
- 埼玉県比企郡小川町木呂子561 TEL 0493-72-2220
- 土・日・祝日・春休み・夏休みの10:30～11:30と14:00～15:00
- 休：月曜日、12/29～1/3
- 大人：720円・高校生：360円・中学生以下：無料
- 【東武東上線】東武竹沢駅より徒歩40分／【JR八高線】竹沢駅より徒歩30分
- あり（30台：大型バスは徒歩20分）無料
- http://ogawagenki.com/

全国プラネタリウムガイド　42

埼玉県立名栗げんきプラザ

学校や青少年団体などが体験学習をおこなう社会教育施設です。一般の方もご利用できます。自然あふれる奥武蔵の山中で子どもたちが元気に活動しています。炊事やキャンプファイア・クラフトなどさまざまな活動の中にプラネタリウムがあります。プラネタリウムで今夜の星空を学習したあと真っ暗な屋上で120mmの屈折望遠鏡で天体観察をおこなっています。「なぐり宇宙クラブ」「親子星空観察会」などの主催事業にも多くの家族が参加しています。森の中の静かなプラネタリウムにて、個性あふれる投影をお楽しみください。

6人のスタッフが個性あふれた生解説で投影します。

DATA
- 埼玉県立名栗げんきプラザ（名栗げんきプラザ）
- 埼玉県飯能市上名栗1289-2 TEL 042-979-1011
- 土・日・祝日・春休み・夏休み、11:00と14:00の2回
- 休：月曜日、年末年始
- ¥：大人：720円・高校生：360円・中学生以下：無料
- 駅：【西武秩父線】正丸駅より徒歩90分／【国道299号線】正丸トンネル秩父側出口を名栗方面へ約4km
- あり（30台・大型バス5台）無料
- http://www.naguri-genki.com/

ドーム直径／16m（水平型）
座席数／200席（一方向型）
プラネタリウム機種／
（株）IMAGICAイメージワークス
トリビューシステム

久喜総合文化会館プラネタリウム

大小ホールとプラネタリウムが併設された複合文化施設です。貸し室もあり、団体でのプラネタリウム観覧の際、控え室などとしてご利用いただくこともできます。館内はバリアフリー完備で車いすでもご観覧いただけます（多人数の場合事前にご相談ください）。プラネタリウム機器は古いものですが、解説員の創意工夫により、オール生解説と、毎月変わる館オリジナルのテーマ番組をお届けしています。土曜日11時は小さなお子さん向けの投映、第3日曜日15時30分は小学校理科の教科書に沿った投映、また夏休みなどの特別投映もおこなっています。

録音によるオート投映ではなく、生解説がお好きな方に。

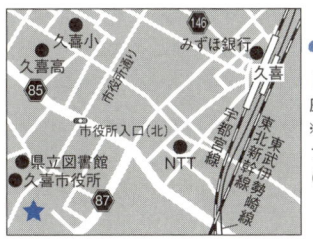

ドーム直径／15m（水平型）
座席数／136席（一方向型）
※車いす、人数の多い場合要相談
プラネタリウム機種／
（株）五藤光学研究所 GMⅡ-AT
（株）JVCケンウッド DLA-X30にレイノックス魚眼レンズを取り付けた自作機

DATA
- 久喜総合文化会館プラネタリウム（久喜プラネタリウム）
- 埼玉県久喜市下早見140 TEL 0480-21-1799
- 9:00～21:30
- 休：第4火曜日、12/28～1/4 ※プラネタリウムは毎週火・金曜定休
- ¥：高校生以上：300円・3歳～中学生：100円・2歳以下：無料
- 駅：【JR宇都宮線】【東武伊勢崎線】久喜駅より徒歩約15分
- あり（200台）無料
- http://www.kuki-bunka.jp/planetarium/index.html

北本市文化センター

コンサートホールと図書館、プラネタリウムがある施設です。ホールでは、様々なジャンルの演奏会や芝居などが開催されます。土・日・祝日のプラネタリウムでは、一般向けの3種類の番組を用意しています。子どもから大人まで幅広く楽しめるプログラムを投影しています。平日は、団体利用や一般向け投影をダイジェストで紹介する、おためしプラネタリウムを無料で投影しています。一番人気の「きっずぷらねたりうむ」では、クイズ DE プラネマイスター（解説員）としてプラネタリウムと題して、楽しくてちょっと難しい問題にチャレンジしてもらっています。

旧プラネタリウムとデジタル映像がコラボした投影です。

DATA
- 北本市文化センター（きたもとプラネタリウム）
- 埼玉県北本市本町1-2-1　TEL 048-591-7321
- 文化センター8:30～22:00、プラネタリウム 9:00～17:00
- 12/31～1/2
- 市内　大人：200円・子ども（中学生以下）：100円
  市外　大人：300円・子ども（中学生以下）：150円
- 【JR高崎線】北本駅より徒歩10分
- あり（100台）無料

http://kitamoto-cultural-center.com/

ドーム直径／10m（水平型）
座席数／70席（一方向型）
プラネタリウム機種／
（株）五藤光学研究所 GX-T 800型
（株）リブラ HAKONIWA

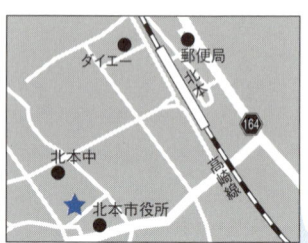

越谷市立児童館コスモス

埼玉県越谷市立児童館コスモスは1階が児童館施設、2階が宇宙をテーマとした展示物とプラネタリウム、3階が物理をテーマとした展示物と科学実験室、屋上に天文台を設置しています。児童館施設では、未就学児、児童およびその保護者に対して「ミルキーママスクール」「にこにこクラブ」などの子育て講座およびクラブ活動、毎日の紙芝居やわんぱく広場などを実施しています。科学教育施設では、プラネタリウムの投影のほか、科学実験室で「ものづくり」を通した科学の学習を実施しています。

四季に合わせて、子ども向けの番組を投影しています。

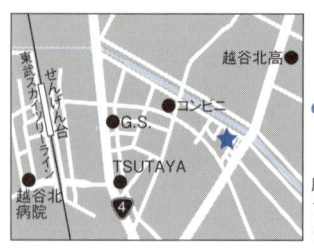

ドーム直径／12m（水平型）
座席数／100席（一方向型）
プラネタリウム機種／
（株）五藤光学研究所 GX-AT

DATA
- 越谷市立児童館コスモス
- 埼玉県越谷市千間台東2-9　TEL 048-978-1515
- 9:00～17:00
- 月曜日（祝日・振替休日の場合は翌日）、年末年始
- 小学生以上：100円・幼児：無料
- 【東武スカイツリーライン】せんげん台駅より徒歩15分
- あり（32台）無料

http://www.city.koshigaya.saitama.jp/shisetsu/jidokankosodateshien/jidokosumosu/kosumosu.html

全国プラネタリウムガイド　44

川越市児童センター　こどもの城

川越市児童センターでは職員が自作した番組を投影しています。
20年に渡りオーソドックスな番組からエンターテイメント性の高い番組まで様々な番組を制作してきました。
児童館に併設された施設ということもあり、子どもたちにも楽しめる内容を心がけて制作した番組ですが、大人でも十分に楽しめる内容だと自負しています。
足を伸ばせば小江戸川越の顔として知られる蔵づくりの町並みも近くにあります。休館日を除く毎日投影をしていますので、ぜひ一度お出かけください。

一冊の絵本を読むように
星空の物語が展開します。

DATA
- 川越市児童センター　こどもの城
- 埼玉県川越市石原町1-41-2　TEL 049-225-7289
- 9:30～17:30
- 休：月曜日（祝日の場合は翌日）、年末年始
- ¥：100円
- 駅：【東武東上線】川越市駅より徒歩20分
- あり（14台）無料
- http://www.city.kawagoe.saitama.jp/

ドーム直径／12m（水平型）
座席数／98席（一方向型）
プラネタリウム機種／
（株）五藤光学研究所 GX-AT

狭山市立中央児童館

狭山市立中央児童館は市内を展望できる小高い丘の上にあり、四季折々の美しい風景を楽しむことができます。当館のプラネタリウム投影機は現役のものとしては県内で1番長い歴史（1977年開設）があります。「小さいお子さんにも分かりやすく」をモットーに、職員が今日の星空や天体現象などについて生解説で投影しています。小学校・幼稚園・保育園・そのほかの団体向けの団体投影から個人向けの一般投影もあり大人の方も楽しむことができます。併設する子育てプレイス稲荷山では3歳までの親子が安心して遊べ、子育てに関する相談もおこなっていますので、お気軽にお立ち寄りください。

©狭山市　七夕の妖精　おりびぃ

小さなお子さん大歓迎。
アットホームなプラネタリウム。

ドーム直径／10m（水平型）
座席数／98席（同心円型）
※ベビーカー：入口預かり
プラネタリウム機種／
（株）五藤光学研究所 GX-10-S

DATA
- 狭山市立中央児童館
- 埼玉県狭山市入間川4-14-8　TEL 04-2953-0208
- 9:00～17:00
- 休：毎月第3火曜日、年末年始
- ¥：小学生以上：100円（乳幼児は保護者同伴で無料）
- 駅：【西武新宿線】狭山市駅より徒歩20分、またはバスで「住宅入口」下車、徒歩5分
- あり（30台）無料
- http://www.nihonhoiku.co.jp/jidokan/sayamachuo/

入間市児童センター

県西部の数少ないプラネタリウムを持つ児童館として、2010年度実績で、全国第3位の入館者数を記録しました。休館日を除いて毎日公開し、平日は15時から、土・日・休日は11時と15時の2回の投影に加えて13時30分から恐竜の映画も上映しています。一般投影のほか、毎月開催のヒーリングプラネタリウム、星座案内と生演奏が楽しめる星空コンサートなどにはリピーターも数多くあり、好評を博しています。

また、毎月第3土曜日に屋上天文台でおこなう大型屈折望遠鏡での天体観望会は、曇雨天時にはプラネタリウム室で星空の解説をおこなっています。

大人も子どもも楽しめる、楽しいプラネタリウムです。

DATA
- 入間市児童センター
- 埼玉県入間市向陽台1-1-6 TEL 04-2963-9611
- 9:00～17:00
- 休：月曜日（祝日の場合は翌日）、年末年始
- ¥：大人：100円・小中校生：50円・幼児：無料
- 駅：【西武池袋線】入間市駅より徒歩15分
- あり（5～6台）無料　※隣接する施設の地下に共通の駐車場あり
- http://www.city.iruma.saitama.jp/jidou_center/

ドーム直径／13m（水平型）
座席数／120席（一方向型）
プラネタリウム機種／
（株）五藤光学研究所 GX-AT

さいたま市宇宙劇場

満天の星空を再現するプラネタリウムと、直径23mの傾斜型ドームスクリーンで、超大型映画の迫力ある映像が楽しめます。また、通常投影のほか、生演奏と星空解説とを組み合わせたコンサートや、天体望遠鏡で星空を眺める「天体観望会」など、様々なイベントも実施しています。売店「スピカ」では、星座図鑑や星座早見盤などの天文グッズとともに、宇宙食も販売しております。さらに、ロビーには、さいたま市出身の宇宙飛行士で、当館の名誉館長でもある、若田光一氏の原寸大の手形など、若田氏ゆかりの品々を展示しています。

駅から近く気軽に立ち寄れる
都会の星空オアシス

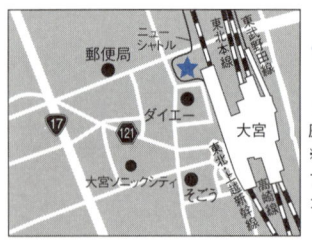

ドーム直径／23m（傾斜型28.75度）
座席数／280席（一方向型）
※車いす6台含む、ベビーカー：入口預かり
プラネタリウム機種／
コニカミノルタプラネタリウム（株） INFINIUM（21D）

DATA
- さいたま市宇宙劇場
- 埼玉県さいたま市大宮区錦町682-2 JACK大宮3F TEL 048-647-0011
- 12:30～18:00（平日）、9:30～18:00（土・日・祝日）
- 休：水曜日、祝日の翌平日、年末年始
- ¥：高校生以上：610円・4歳～中学生：300円・3歳以下：無料
- 駅：【JR】【ニューシャトル】【東武アーバンパークライン】大宮駅より徒歩3分
- あり（JACK大宮地下駐車場110台）有料　※要問い合わせ
- http://www.ucyugekijo.jp/

さいたま市青少年宇宙科学館

投影できる星の数は約1000万個。天の川もひとつひとつの星として13等星まで投影できます。また、6台のビデオプロジェクターを使った全天周デジタル映像を備えており、1000万個の星空と大迫力の全天CG映像をお楽しみいただけます。科学のおもしろさと不思議さを体験できるサイエンスショーも大人気です。子どもから大人まで、見て聞いて楽しい本格的な実験ショーです。このほかにも、天文台の公開や電子顕微鏡でのミクロの世界の探検も楽しめます。また、若田光一宇宙飛行士コーナーが新設されました。ISS内の寝室やトイレが再現されています。

「若田光一宇宙飛行士」のコーナーが3月上旬オープンしました。

DATA
- さいたま市青少年宇宙科学館
- 埼玉県さいたま市浦和区駒場2-3-45　TEL 048-881-1515
- 9:00～17:00
- 月曜日（祝日の場合は翌平日）
- 大人：510円・4歳～高校生：200円・3歳以下：無料
- 【JR】浦和駅よりバスで「宇宙科学館入口」下車、徒歩3分
- あり(18台)無料
- http://www.kagakukan.urawa.saitama.jp/

ドーム直径／23m（傾斜型25度）
座席数／250席（一方向型）
プラネタリウム機種／
(株)五藤光学研究所 CHIRON II HYBRID／VIRTUARIUM II

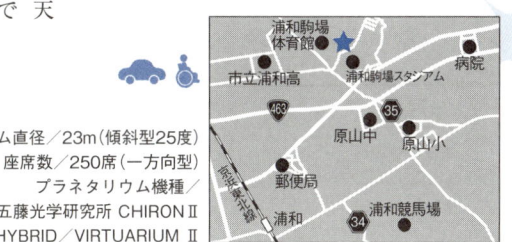

川口市立科学館

2013年11月にリニューアルされたプラネタリウムは自然に近い美しい星空とダイナミックな映像を映し出します。星空解説と番組の一般投影やキッズアワーなど子ども向けのキッズアワーなどがあります。屋上には、東京近郊では最大級の65cm反射望遠鏡や太陽望遠鏡など3つの天文台があり、第2・4土曜日には夜間観測会を開催しています。科学展示室には、約40種類の実験装置があり、見たり触れたりしながら科学の不思議を体験できます。週末を中心に、親子で楽しめる科学ものづくり教室やサイエンスショーを開催しています。

リアルで美しい星空と迫力ある映像のプラネタリウム

ドーム直径／20m（水平型）
座席数／160席（一方向型）
プラネタリウム機種／
コニカミノルタプラネタリウム(株)
INFINIUM β II
SUPER MEDIAGLOBE-II

DATA
- 川口市立科学館（サイエンスワールド）
- 埼玉県川口市上青木3-12-18　SKIPシティ内　TEL 048-262-8431
- 9:30～17:00（券の販売は16:30まで）
- 月曜日（祝日の場合は翌日）、年末年始、ほか
- 高校生以上：410円・中学生以下：200円
  ※未就学児で座席を必要としない場合は無料
  （科学展示入場料　高校生以上：200円・小中学生100円・未就学児：無料）
- 【JR京浜東北線】川口駅または西川口駅よりバスで「総合高校」下車、徒歩5分
- あり(170台)有料　※要問い合わせ
- http://www.kawaguchi.science.museum/

朝霞市中央公民館

朝霞市は、江戸と川越を結ぶ川越街道の宿場として栄えた歴史ある町。プラネタリウムのドームが印象的な中央公民館は朝霞市役所のすぐそばにあり、市民のだれでもが利用できる文化、コミュニティー施設です。

館内には、プラネタリウムや図書室をはじめ、和室、学習室、会議室や100人収容の音楽室、レクリエーションホール、児童室、また併設するコミュニティセンターには200席ある舞台付ホールや展示ギャラリーも備えています。公民館利用団体が一堂に会して成果を発表するサマーフェスティバルをはじめ、年間を通じて多数のイベントでにぎわっています。

オリジナル作品で季節ごとに番組を切り替え、1年中楽しめます。

DATA
- 朝霞市中央公民館
- 埼玉県朝霞市青葉台1-7-1　TEL 048-465-7272
- 9:00〜21:30(プラネタリウムは毎週日曜日 11:00〜、13:30〜、15:00〜)
- 月曜日(プラネタリウムは投映日以外)
- 高校生以上:200円・小中学生:100円・幼児:100円(※市外者はすべて5割増)
- 【東武東上線】朝霞駅より徒歩10分
- あり(43台)無料
- http://www.city.asaka.lg.jp/

ドーム直径／10m(水平型)
座席数／90席(扇型)
プラネタリウム機種／(株)五藤光学研究所 GX-10

新座市児童センター

年齢、地域を問わず、どなたでも無料でご利用できる児童センターに併設されたプラネタリウム。フルカラーCG映像や3Dデジタル機能で、ドームいっぱいに再現する美しい星空をお楽しみいただけます。

毎月替わる番組の定期上映のほかに、要望に応じて団体のみの投映にも応じています。また、毎月1回開催する「星と音楽のひととき」は、音楽(時にはバイオリンとキーボードなど生の演奏も)や、朗読の星空散歩の解説のコラボも楽しめて人気です。

年7回、月や流星を観察する天体観望会も楽しめます。

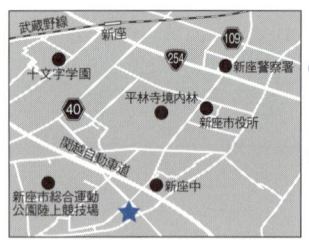

ドーム直径／10m(水平型)
座席数／82席(一方向型)
プラネタリウム機種／コニカミノルタプラネタリウム(株) MEDIAGLOBE-Ⅱ

DATA
- 新座市児童センター(星のシアター)
- 埼玉県新座市本多1-3-10　TEL 048-479-8822
- 9:00〜18:00(16:30〜18:00は中高生のみ)
- 月曜日、祝日、年末年始
- 無料
- 【西武池袋線】ひばりヶ丘駅よりバスで「児童センター前」下車 【東武東上線】志木駅よりバスで「児童センター前」下車
- あり(17台)無料
- https://sites.google.com/a/ccn01.mygbiz.com/jidou_center/

全国プラネタリウムガイド　48

銚子市青少年文化会館

関東最東端に位置する銚子市の犬吠埼は、山頂・離島を除き日本で一番早く初日の出を見ることができます。

当館は、市民ホール、児童文化センター、都市青年の家からなる複合施設で、プラネタリウムは1971年に設置され、一般公開をおこなっています。

関東地区では一番古いプラネタリウムで、手動で操作し、生解説で星座解説をおこなっています。土曜日または日曜日の14時から一般投影をしています。また、目的に応じて団体投影も随時おこないます。

その日の星空を、生解説で投影しています。

DATA
- 銚子市青少年文化会館
- 千葉県銚子市前宿町1046 TEL 0479-22-3315
- 9:00～17:00
- 月曜日、祝祭日、年末年始
- 100円
- 【JR総武本線】銚子駅より徒歩25分
- あり(150台)無料
- http://www.city.choshi.chiba.jp/edu/sg-guide/seibun/sb-top.html

ドーム直径／9m(水平型)
座席数／89席(同心円型)
プラネタリウム機種／
コニカミノルタプラネタリウム(株) MS-10

長生村文化会館

千葉県、唯一の村「長生村」は、千葉県の房総半島九十九里浜に面し、東京から約60km位置にあります。

「長生村文化会館」は、ホールを中心に図書室・視聴覚室・和室・会議室・調理実習室・プラネタリウム・子ども科学教室を配置し、芸術鑑賞や創作活動の表現の場、また、語り合う場、文化創造の場として多目的に利用されています。プラネタリウムでは、満天の星空の中、四季折々の解説をしています。また、近年ではCGの映像作品などの上映もおこなっています。

満天の星空の中、四季折々の解説をしています。

DATA
- 長生村文化会館
- 千葉県長生郡長生村岩沼2119 TEL 0475-32-5100
- 8:30～17:00
- 月曜日(祝日の場合はその翌々日)、祝日の翌日、12/28～1/4
- 高校生以上：200円・中学生：100円・小学生以下：無料　※村民は無料
- 【JR外房線】八積駅より徒歩約7分
- あり(35台)無料
- http://www.chosei-bunkahall.jp/

ドーム直径／10m(水平型)
座席数／78席(一方向型)
プラネタリウム機種／
(株)五藤光学研究所 GX-AT

千葉県立君津亀山少年自然の家

「きみかめ」とよばれる千葉県立君津亀山少年自然の家は、NPO法人千葉自然学校が指定管理者として運営する社会教育施設です。主に学校や社会教育団体の自然体験、環境教育、野外教育などの体験活動を受け入れています。

日帰り、または宿泊のご利用でのご要望に応じてプラネタリウムを投影しています。マニュアル投影なので時間や内容が調整可能です。雨天プログラムにも最適です。月に1回予定されているプラネタリウム一般公開日には、どなたでもご来場いただけます。開催日はお電話またはホームページなどでご確認ください。

マニュアル投影なので時間や内容が調整可能です。

DATA
- 千葉県立君津亀山少年自然の家
- 千葉県君津市笹字片倉1661-1 TEL 0439-39-2628
- ー
- 未定
- 無料 ※団体でのご利用で18歳以上が過半数を超える場合は、1人1回200円
- 【JR内房線】上総亀山駅より徒歩1時間30分、または車で約10分
- あり（普通車50台・大型バス7台）無料
- http://www.kimikame.net/

ドーム直径／14m（水平型）
座席数／180席（一方向型）
プラネタリウム機種／
コニカミノルタプラネタリウム（株）MS-15

南房総市大房岬少年自然の家

大房岬少年自然の家は、南房総国定公園大房岬内にあり、青い海と緑の木々に囲まれた豊かな自然環境に恵まれています。その中でおこなう宿泊体験、野外活動を通して、仲間と協力することの大切さや自然を大切にする心を育みます。共に学び、共に生活し、共に体験することのできる場所として、今後も利用者のみなさまの活動のお手伝いを続けていきます。

また、日帰り・宿泊のご利用ではご要望に応じてプラネタリウムを投影しています。それ以外にも、年に5回予定されている一般公開日には、どなたでもご来場いただけます。内容もその季節に合わせたものを投影していますので、ぜひ一度お越しください。

マニュアル操作なので、その時々にあわせて星空が楽しめます！

ドーム直径／14m（水平型）
座席数／200席（一方向型）
プラネタリウム機種／
コニカミノルタプラネタリウム（株）MS-15

DATA
- 南房総市大房岬少年自然の家
- 千葉県南房総市富浦町多田良1212-23 TEL 0470-33-4561
- 8:15～17:15
- 毎週1回、12/29～1/4 ※詳細はお問い合わせください。
- 参加者1名につき鑑賞料200円
- 【JR内房線】富浦駅より徒歩40分、または車で10分
- あり（100台）無料
- http://taibusa.jp/

白井市文化センター・プラネタリウム

「生れる前から星になる前まで楽しめるプラネタリウム」として、様々なプログラムをおこなっています。一般向け投映はもちろん、気兼ねなく小さなお子様が楽しめる時間や、懐かしい音楽と共にお届けするシニア向け番組、美しい音楽や朗読を楽しむライブに、ドームを貸し切る究極の個人向けプログラム「あなただけのプラネタリウム」など、番組は全て生解説付きでお送りしています。毎月1回行う観望会も人気です。2015年5月には投映機を21年ぶりにリニューアルし、パワーアップしました。お気に入りの番組を見つけにお越しください。

全ての番組に生解説があり、ライブ感をお楽しみください。

DATA
- 白井市文化センター・プラネタリウム
- 千葉県白井市復1148-8　TEL 047-492-1125
- 9:00～17:00
- 休：月曜日・祝日（土日に重なった時は開館、次の火曜日が休館）・年末年始
- ¥：高校生以上：320円・小中学生：160円・幼児：160円（座席を必要としない場合は無料）
- 駅：【北総線】白井駅北口より徒歩10分／【国道16号線】「白井」交差点より車で3分
- あり（230台）無料
- http://www.center.shiroi.chiba.jp/planet/

ドーム直径／12m（水平型）
座席数／86席（一方向型）
プラネタリウム機種／
（株）五藤光学研究所 CHRONOS II
（株）アストロアーツ STELLA DOME PRO

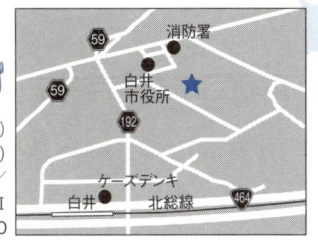

千葉市科学館

千葉市科学館は、子どもたちはもちろん、大人も楽しめる科学館です。プラネタリウムは県内最大の23mドームで、美しい星と迫力ある宇宙の映像の両方が楽しめるハイブリッドプラネタリウムです。2014年秋にプラネタリウムをリニューアルし、光学式の美しい星空はこれまでと変わらず、人気のデジタル映像はより鮮明で繊細になりました。星や宇宙の幅広い話題を生解説で紹介する時間も大切にしています。プラネタリウム最終投影は毎日19時から。お仕事帰りでも立ち寄れる、とっておきの場所にしてください。

デジタルシステムリニューアル！
星空も生解説も楽しめます。

ドーム直径／23m（水平型）
座席数／200席（一方向型）
プラネタリウム機種／
（株）五藤光学研究所
CHIRON／VIRTUARIUM II R5

DATA
- 千葉市科学館
- 千葉県千葉市中央区中央4-5-1 複合施設「QibalI（きぼーる）」内7～10F　TEL 043-308-0511
- 9:00～19:00（プラネタリウム最終投影開始は19:00～）
- 休：なし（設備点検のための休館日あり）
- ¥：大人：820円・高校生：490円・小中学生：160円・幼児：無料（セット券料金）
- 駅：【JR総武線】千葉駅より徒歩15分
- なし（同建物内に有料駐車場あり）
- http://www.kagakukanq.com/

船橋市総合教育センタープラネタリウム館

当プラネタリウム館は、1987年7月に開設されました。個人向け投映（主に土曜日・日曜日）は2部構成で、当日の夜の星空解説と映像番組をお届けしています。合わせて1時間の投映で、1日3回おこなっています。星空解説では、解説者が投映機を手動で動かし、心地よいBGMとともに、お客様の反応を感じながら、生解説をしております。

11時幼児向け投映、14時・15時30分一般向け投映。団体予約投映は、火曜日から金曜日まで①9時15分②10時45分③13時30分④15時の4つの時間帯でおこなっています。

解説者の個性溢れる解説を楽しみながら、満天の星空をご覧ください。

DATA
- 船橋市総合教育センタープラネタリウム館
- 千葉県船橋市東町834　TEL 047-422-7732
- 9:00～17:00（展示ホール開館時間）※投映時刻とは異なります。
- 休：月曜日、祝日、年末年始
- ¥：高校生以上：430円・4歳～中学生：210円（4歳未満：無料）
- 【JR総武線】東船橋駅より徒歩15分
- あり（100台）無料
- http://www.city.funabashi.chiba.jp/shisetsu/bunka/0002/0002/0001/p011085.html

ドーム直径／18m（水平型）
座席数／255席（一方向型）
プラネタリウム機種／
（株）五藤光学研究所 GN-AT
（株）アストロアーツ STELLA DOME PRO

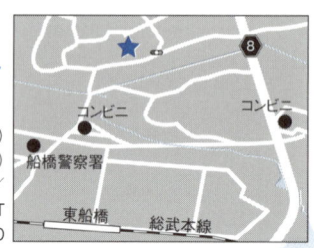

ギャラクシティ　まるちたいけんドーム

2013年にリニューアルした最新のプラネタリウムです。まるちたいけんドームのウリは「宇宙に一番近いプラネタリウム」。南米チリのアタカマ、ハワイなど、世界3カ所の天文台に星空カメラを設置。そのカメラで撮影された空の中継をご覧いただけます。ドーム中央部には、カーペットを敷いた「桟敷席」、そして左右にもフローリングの桟敷席があり、「寝そべって星空を楽しむ」ことができます。実験的な映像をご覧いただく企画など、星だけではない様々な「体験」ができるプラネタリウムです。

宇宙に一番近い「プラネタリウム」

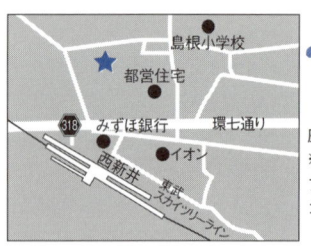

ドーム直径／23m（傾斜型27度）
座席数／170席（一方向型）
※桟敷席6カ所、ベビーカー：入口預かり
プラネタリウム機種／
コニカミノルタプラネタリウム（株）
SUPER MEDIAGLOBE-Ⅱ 7K

DATA
- ギャラクシティ　まるちたいけんドーム
- 東京都足立区栗原1-3-1　TEL 03-5242-8161
- 9:00～21:30
- 休：毎月第2月曜日（祝日の場合はその翌日、8月は無休）、元日
- ¥：大人：500円・高校生：100円・小中学生：100円・幼児：無料（座席を使用する場合は100円）
- 【東武スカイツリーライン】西新井駅より徒歩3分
- あり（60台）有料　※要問い合わせ
- http://www.galaxcity.jp/

全国プラネタリウムガイド　52

葛飾区郷土と天文の博物館

地球から宇宙の果てまで自由に演出できる全宇宙データベース『デジタルユニバース』を2007年に日本初導入し、現在も最先端を走り続けているデジタルプラネタリウムのパイオニア。

既成の大型ドーム映画は上映せず、デジタルプラネタリウム本来の機能を最大限に活かしたオリジナル番組を制作し、専門のスタッフが操作しながら全てを生解説するという独自のスタイルをとっています。音楽と映像が一体となったプラネタリウムコンサートも人気です。

館内には展示室や天文台もあり、毎週金・土曜日には観望会が開催されています。

ほかでは見られないオリジナル番組で、『宇宙を知る感動』を体験してください。

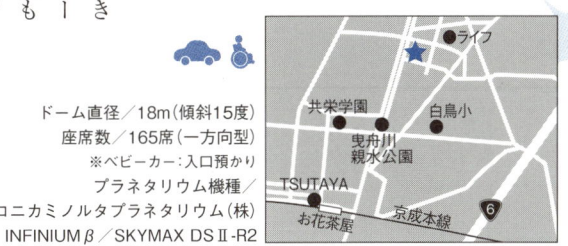

DATA
- 葛飾区郷土と天文の博物館
- 東京都葛飾区白鳥3-25-1
  TEL 03-3838-1101
- 9:00〜17:00(金・土曜日は9:00〜21:00)
- 毎月曜日(祝日は開館)、第2・4火曜日(祝日の場合は翌日)、年末年始
- 高校生以上:450円・小中学生:150円・幼児:50円
- 【京成線】お花茶屋駅より徒歩8分
- あり(15台)無料
- http://www.museum.city.katsushika.lg.jp/

ドーム直径／18m(傾斜15度)
座席数／165席(一方向型)
※ベビーカー:入口預かり
プラネタリウム機種／
コニカミノルタプラネタリウム(株)
INFINIUMβ／SKYMAX DSⅡ-R2

プラネターリアム銀河座

お寺の中にあるプラネタリウムです。1996年に、日本のプラネタリウムの常識を覆す、快適性を追求した館としてオープンしました。大きくないすりクライニングも深く、柔らかく幅広いひじ掛けや、床暖房完備でリラックスできる様式を導入した日本最初の館です。

飽きさせず楽しく科学や文化に切り込んでいく男女2人での解説のシステムも当館だけのシステムです。

完全予約制応募の上、抽選でハードルが高いですが、宜しくお願いいたします。従来のプラネタリウムに飽きてしまった大人向けの館です。

ほかの館とは全く違う独自のコンセプトの館です。

ドーム直径／8m(水平型)
座席数／25席(一方向型)
※超リクライニングレザーシート
プラネタリウム機種／
ペンタックス コスモスター0号機
(株)アストロアーツ「デジタル銀河座」

DATA
- プラネターリアム銀河座(銀河座)
- 東京都葛飾区立石7-11-30 證願寺内
  TEL 03-3696-1170(留守番)
- 毎月第1、第3土曜15:00〜16:00の毎月2回のみ
- 開館日以外
- 大人:1000円・10歳〜高校生:500円・10歳未満:入場不可
- 【京成線】立石駅より徒歩5分
  青砥駅より徒歩8分
- あり(6台)無料
- http://www.gingaza.jp/

板橋区立教育科学館

板橋区立教育科学館はプラネタリウムと科学展示室を中心に、楽しく科学を学ぶことができる施設です。
プラネタリウムでは、小さなお子様から大人の方まで幅広く星空に親しんでいただくプログラムを、毎月テーマを変えて科学指導員による生解説で投影しています。
また、プラネタリウムコンサートや絵本の読み聞かせ会、星を見る会などのイベントも開催しています。
科学展示室では身近なものをテーマにした展示物で科学を体験することができます。さらに、科学教室、ワークショップなどもおこなっています。

対象に合わせた様々な投影を
生解説を中心におこなっています。

DATA
- 板橋区立教育科学館
- 東京都板橋区常盤台4-14-1 TEL 03-3559-6561
- 9:00〜16:30（夏休み期間中は17:00まで）
- 月曜日（祝日の場合は翌日）
- 大人：350円・高校生以下：120円
- 【東武東上線】上板橋駅より徒歩5分
- なし
- http://www.itbs-sem.jp/

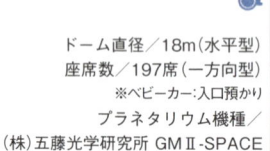

ドーム直径／18m（水平型）
座席数／197席（一方向型）
※ベビーカー：入口預かり
プラネタリウム機種／
（株）五藤光学研究所 GMⅡ-SPACE

コニカミノルタプラネタリウム "満天" in Sunshine City

"満天"は、「サンシャインプラネタリウム」の歴史を受け継ぎ、プラネタリウム機器メーカーであるコニカミノルタの直営館として2004年3月20日にオープンしました。「星空をとことん楽しむ」をコンセプトに、著名なミュージシャンやアーティストとのコラボレーション作品や心地よいアロマが香るヒーリングプラネタリウムなどを上映し、大人のためのエンターテインメントを提供する新感覚プラネタリウムとして、お客様に星空の感動をお伝えしています。

プラネタリウムの新たな可能性を
探求している施設です。

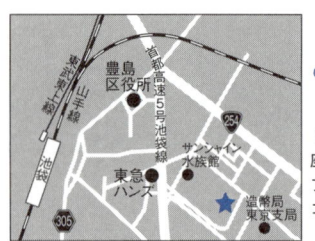

DATA
- コニカミノルタプラネタリウム "満天" inSunshine City
- 東京都豊島区東池袋3-1-3 サンシャインシティ ワールドインポートマートビル屋上 TEL 03-3989-3546
- 11:00の回〜20:00の回（ヒーリングプラネタリウムは小学生未満の入場不可）
- なし（作品入替期間は休館）
- 高校生以上：1100円、小中学生：500円、幼児（4歳〜）：400円、シニア（65歳〜）：900円／ヒーリングプラネタリウムは一律1400円
- 【JRほか】池袋駅より徒歩10分
- あり（1800台）有料 ※要問い合わせ
- http://www.planetarium.konicaminolta.jp/

ドーム直径／17m（水平型）
座席数／214席（一方向型）
プラネタリウム機種／
コニカミノルタプラネタリウム（株）
INFINIUM S／SKYMAX DSⅡ-R2

全国プラネタリウムガイド 54

なかのZEROプラネタリウム

1972年の開館から40年以上の歴史を持つプラネタリウム。直径15mのドームに映し出される満天の星をゆったり鑑賞できます。土曜・日曜・祝休日の定例投映では、当日見える星座や神話、天文現象の話題など、昔ながらの解説員による生解説を中心としたスタイルの投映プログラムが魅力です。定例投映以外にも七夕やクリスマスなど季節に添った特別投映、星空の下でのコンサート、大人向けの天文講座など、様々なイベントがおこなわれています。クラシックスタイルのプラネタリウムをお楽しみください。

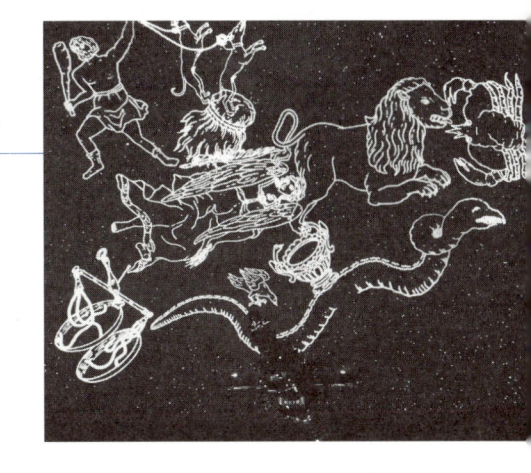

解説員による生解説中心の投映をお楽しみください。

DATA
- なかのZEROプラネタリウム（中野区もみじ山文化センター）
- 東京都中野区中野2-9-7　なかのZERO西館4F　TEL 03-5340-5045
- 土曜：11:00〜（子ども向け）／14:00〜／16:00〜　日・祝日：14:00〜／16:00〜
- 月〜金（祝日、イベント開催時は除く）※基本的に土・日・祝休日のみ開館
- 高校生以上：230円・3歳〜中学生：110円　※イベント時は除く
- 【JR中央線】【東京メトロ東西線】中野駅より徒歩8分
- なし
- http://nicesacademia.jp/

ドーム直径／15m（水平型）
座席数／180席（一方向型）
※ベビーカー：入口預かり
プラネタリウム機種／
（株）五藤光学研究所 GMⅡ-SPACE

コニカミノルタプラネタリウム "天空" in 東京スカイツリータウン

"天空"は、プラネタリウム機器メーカーであるコニカミノルタプラネタリウム（株）の直営館として2012年5月22日「東京スカイツリータウン」にオープンしました。夜の回には、美しい星空と映像、心やすらぐ音楽を、心地良いアロマの香りとともにお贈りする、ヒーリングプラネタリウムを毎日上映しています。ヒーリングプラネタリウムは、遅めの時間設定なので、お仕事帰りにもお楽しみいただくことができる、大人のためのリラクゼーションプログラムです。

無限の可能性を秘めた
多機能型ドームシアターです。

ドーム直径／18m（傾斜型10度）
座席数／212席（一方向型）
プラネタリウム機種／
コニカミノルタプラネタリウム（株）
INFINIUM S／
SUPER MEDIAGLOBE-Ⅱ 4K

DATA
- コニカミノルタプラネタリウム"天空"in東京スカイツリータウン
- 東京都墨田区押上1-1-2　東京スカイツリータウン　イーストヤード7F　TEL 03-5610-3043
- 11:00の回〜21:00の回（ヒーリングプラネタリウムは小学生未満の入場不可）
- なし（作品入替期間は休館）
- 大人（中学生〜）：1100円、こども（4歳〜）：500円／ヒーリングプラネタリウムは一律1400円
- 【東武スカイツリーラインほか】押上（スカイツリー前）駅よりすぐ
- あり　有料　※要問い合わせ
- http://www.planetarium.konicaminolta.jp/

科学技術館

科学技術館では自動車や電気など、私たちの身近にある科学や技術を約20テーマにわたって紹介しています。展示は参加体験型となっており、見たり、触ったりして科学技術の原理や応用を学ぶことができます。また、展示のテーマに沿ったワークショップを毎日開催しており、自分の知識や興味に応じて楽しみながら科学技術に興味・関心を深めていただけるようになっています。

毎週土曜日には科学ライブショー「ユニバース」をおこなっています。天体から様々な研究の話が聞けます。

毎週土曜日は科学ライブショー「ユニバース」を実施。

DATA
- 科学技術館
- 東京都千代田区北の丸公園2-1 TEL 03-3212-8544
- 9:30～16:50
- 12/28～1/3、水曜日不定休
- 大人：720円・中高校生：410円・4歳以上：260円・3歳以下：無料
- 【東京メトロ東西線】竹橋駅より徒歩550m／九段下駅より徒歩800m
- なし
- http://www.jsf.or.jp/

ドーム直径／10m（傾斜型18度）
座席数／62席（扇型）
プラネタリウム機種／
（公財）日本科学技術振興財団
プレアデスシステム

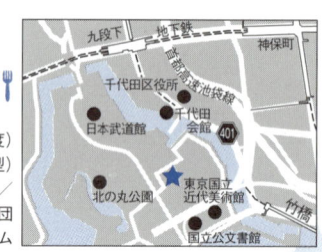

東京海洋大学越中島キャンパス天象儀室

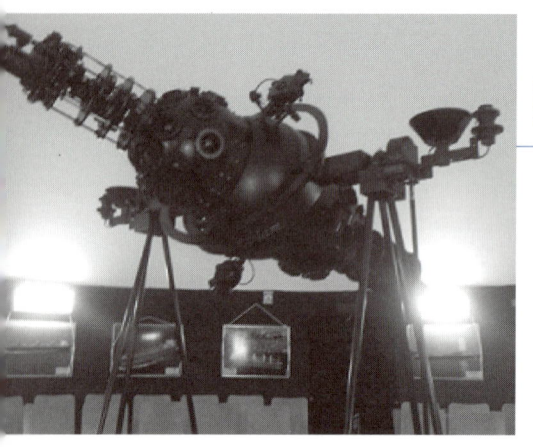

東京商船大学の流れを汲む東京海洋大学には天文航法を学ぶため、1965年にプラネタリウムが設置されました。

現在では授業で使用されることはありませんが、学祭など、年に数回の一般公開をおこなっており、運営から維持整備に至るまで全て学生の手でおこなわれています。

本学に設置されている五藤光学製M-1型投影機は国産初のレンズ投影式プラネタリウムとして1959年に開発された型式の114号機です。現在では現役機としては国産最古かつ同型式唯一であり、貴重な存在になっています。

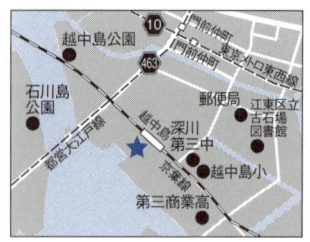

海王祭における一般公開では投影機の操作体験ができます。

ドーム直径／10m（水平型）
座席数／50席（同心円型）
プラネタリウム機種／
（株）五藤光学研究所
GOTO-PLANETARIUM MARS TYPE M-1

DATA
- 東京海洋大越中島キャンパス天球儀室
- 東京都江東区越中島2-1-6 東京海洋大学海洋工学部 越中島会館屋上 TEL 03-5245-7300（東京海洋大学海洋工学部）
- 学祭時など年に数回
- ―
- 無料
- 【JR京葉線】越中島駅よりすぐ
- なし
- http://www.geocities.jp/kaiji_fukyu/

全国プラネタリウムガイド 56

タイムドーム明石（中央区立郷土天文館）

タイムドーム明石は、銀座や築地市場など観光名所から歩いて行ける、常設展示室・プラネタリウム・区民ギャラリーをあわせた施設です。歴史や芸術、天文などに興味をもっている方々の交流の場としてご利用いただけます。プラネタリウムは毎日3回投影しています。時間帯によりキッズタイム・生解説タイム・シアタータイムとジャンルを分けています。また貸切投影（1時間）や貸切利用（1日）も可能です（利用条件あり）。毎月第2・4日曜日には入場無料の天文解説や講演会を実施しています。

銀座・築地から歩いて
アクセス可能です！

DATA
- 中央区立郷土天文館（タイムドーム明石）
- 東京都中央区明石町12-1　中央区保健所等複合施設6F　TEL 03-3546-5537
- 10:00～19:00（火～金）、10:00～17:00（土日祝）
- 月曜日（祝日の場合は翌平日）
- 大人：300円・小中学生以上：300円・幼児：無料　※区内小中学生は無料
- 【東京メトロ日比谷線】築地駅より徒歩7分／【東京メトロ有楽町線】新富町駅より徒歩10分
- なし
- http://www.city.chuo.lg.jp/bunka/timedomeakashi/

ドーム直径／12m（水平型）
座席数／86席（扇型）
プラネタリウム機種／
（株）五藤光学研究所 VIRTUARIUM II

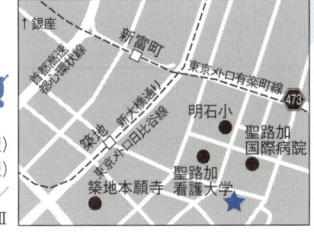

コスモプラネタリウム渋谷

座席数はドームに対して少なめですので、ゆったりとご覧いただけます。また独立席（36席）が設置されており、約90度回転し自分の好きな方角をご覧いただけます。投影システムの静音性や、ドームスクリーンを低くするなど配慮し、星空への没入感を高める工夫をしています。ドーム前の展示ロビーでは、五島プラネタリウムから寄贈された貴重な天文資料が展示されています。

最先端の宇宙研究番組からお子さま向けの番組まで幅広くラインナップ。
各回おこなわれる生解説も魅力的。

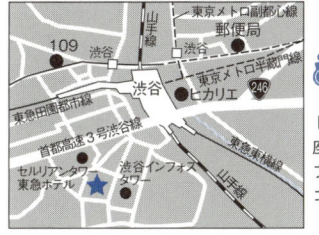

ドーム直径／17m（水平型）
座席数／120席（一方向型）
プラネタリウム機種
コニカミノルタプラネタリウム（株）
INFINIUM S／SKYMAX DS II

DATA
- コスモプラネタリウム渋谷
- 東京都渋谷区桜丘町23-21　渋谷区文化総合センター大和田12F　TEL 03-3464-2131
- 平日12:00～20:00、休日10:00～20:00
- 月曜日（祝日の場合翌平日）、年末年始
- 高校生以上：600円・小中学生：300円・幼児：無料（座席を使用する場合は300円）
- 【JRほか】渋谷駅より徒歩5分
- なし
- http://www.shibu-cul.jp/

五反田文化センタープラネタリウム

午前中の11時からの回は、親子向け投影として、小さいお子様とそのご家族を対象に、クイズなどを交えて季節の星座や当日の星空をご覧いただき、さらに季節ごとに内容を変えた「リーベルタース天文台だより」というアニメの番組を投影する2部構成となっています。

また、午後からの回は一般の方向きに、季節の星座や当日の星空を楽しんでいただいた後、特集番組をご覧いただきます。特集番組はその時々の天文現象など、タイムリーなテーマを取り入れ、内容を2カ月ごとに変更しています。

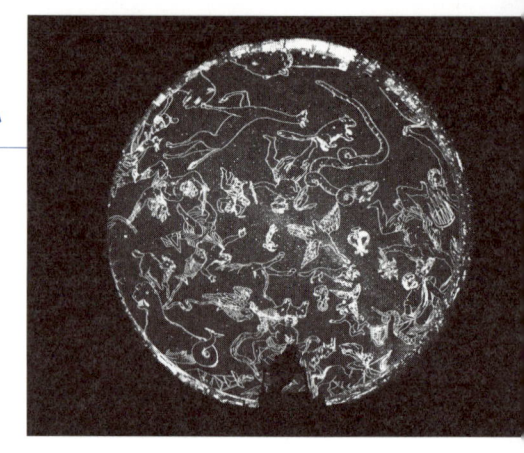

天体写真家林完次氏の解説による
特別投影を月1回開催！

DATA
- 五反田文化センタープラネタリウム
- 東京都品川区西五反田6-5-1　TEL 03-3492-2451
- 土・日・祝日　①11:00〜②13:30〜③15:30〜
  水・木の昼にはおひるのくつろぎプラネタリウムとして15分番組を無料投影(平日は団体投影を受付)※要問い合わせ
- 平日、年末年始
- 高校生以上：200円・4歳〜中学生：50円・3歳以下：無料(座席使用時は50円)
- 【JR山手線】五反田駅より徒歩15分／【東急目黒線】不動前駅より徒歩7分
- あり(8台)有料　※要問い合わせ
- http://www.city.shinagawa.tokyo.jp/hp/menu000023900/hpg000023876.htm

ドーム直径／12m(水平型)
座席数／86席(一方向型)
プラネタリウム機種／
(株)五藤光学研究所
CHRONOS II／VIRTUARIUM II HD

日本科学未来館

参加体験型の展示や科学コミュニケーターとの対話を通して、訪れる人を先端科学の世界に誘うサイエンスミュージアム。宇宙天文、ロボット、ライフサイエンスなど様々なテーマを展示しています。

ダイナミックな展示空間には、高精細で迫力のあるドームシアターをはじめ、「世界をさぐる」「未来をつくる」という2つのテーマの常設展示が配置されています。

誰もが先端科学に触れ、楽しむためにひらかれている場所、それが日本科学未来館です。

先端の科学技術と人とをつなぐ
サイエンスミュージアムです。

DATA
- 日本科学未来館
- 東京都江東区青海2-3-6　TEL 03-3570-9151
- 10:00〜17:00
- 火曜日、12/28〜1/1
- 大人：620円・18歳以下：210円　※6歳以下の未就学児は無料、ドームシアターは別料金(大人300円、18歳以下100円、Webでの事前予約可)
- 【新交通ゆりかもめ】船の科学館駅より徒歩5分／テレコムセンター駅より徒歩4分
- あり(175台)有料　※要問い合わせ
- http://www.miraikan.jst.go.jp/

ドーム直径／15m(傾斜型)
座席数／112席(一方向型)
プラネタリウム機種／
(有)大平技研 MEGASTAR-II cosmos
(株)五藤光学研究所 VIRTUARIUM II 3D

全国プラネタリウムガイド　58

PLANETARIUM Starry Cafe（プラネタリウム スターリーカフェ）

スターリーカフェは空港初のプラネタリウムで、「プラネタリウム」と「カフェ」を融合させた空間です。

季節の星座と音楽のコラボレーションが楽しめるプログラムを上映しております。羽田から見える夜空だけでなく、日本から見ることのできない南半球の星座などをご紹介する番組や就航都市をドーム映像で紹介する番組は空港ならではの内容です。

プログラムはどれも15分程度とコンパクトな内容になっております。

星をイメージしたオリジナルフード、ドリンクメニューがお薦めです。

DATA
- PLANETARIUM Starry Cafe（プラネタリウム スターリーカフェ）
- 東京都大田区羽田空港2-6-5 羽田空港国際線ターミナル5F TOKYO POP TOWN内 TEL 03-6428-0694
- 11:00〜17:00、17:30〜23:00
- 無休
- 中学生以上：¥520＋ワンドリンク制・2歳以上：¥310＋ワンドリンク制
- 【京急線】羽田空港国際線ターミナル駅、【東京モノレール線】「羽田空港国際線ビル駅」と直結
- あり（3000台）有料 ※要問い合わせ
- http://www.haneda-airport.jp/inter/premises/tenant/52001000050750000/index.html

ドーム直径／10m（水平型）
座席数／50席（ドーム内）
プラネタリウム機種／
（株）五藤光学研究所
PANDORA／VIRTUARIUM II

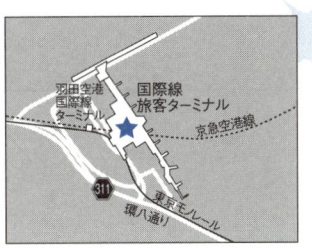

世田谷区立教育センタープラネタリウム

世界最高クラス1億4000万個の星を映し出すことができ、自然でより本物に近い宇宙を再現することができます。

一般向けの投影は主に土日祝日におこなっており平日は小・中学校の移動教室や、幼稚園・保育園を対象とした幼児投影をおこなうなど、教育に関連する目的で使用されています。

午前中は幼児から小学校低学年を対象としたちびっこタイム、午後は一般投影をおこなっており、子どもから大人まで楽しめる内容になっています。また、第2、第4土曜日には星空CDコンサートや大人のための星空散歩などの投影もおこなっています。

1年を通して様々なイベントをおこなっていますので、ぜひご来館ください。

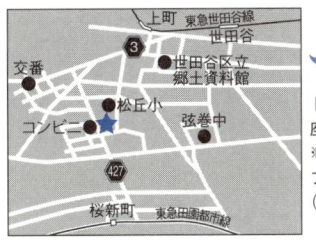

ドーム直径／16m（水平型）
座席数／140席（一方向型）
※ベビーカー：入口預かり
プラネタリウム機種／
（株）五藤光学研究所
CHIRON／VIRTUARIUM II

DATA
- 世田谷区立教育センタープラネタリウム
- 東京都世田谷区弦巻3-16-8 TEL 03-3429-0780
- ①11:00〜 ②13:30〜 ③15:30〜（土・日・祝日、学校の長期休業期間、都民の日）
- 第3日曜日、12/28〜1/4
- 高校生以上：400円・小中学生：100円・幼児：無料
- 【世田谷線】上町駅より徒歩10分、【田園都市線】桜新町駅より徒歩10分
- なし（身体障害者用の駐車場有）
- http://www.city.setagaya.lg.jp/shisetsu/1213/1265/d00007490.html

多摩六都科学館

2014年12月現在、プラネタリウムは「最も先進的」としてギネス世界記録に認定されています。世界第4位の大型ドームに、1億4000万個の星を映し出し、奥行き感のあるリアルな星空をお楽しみいただけるのが特徴です。また、ビデオプロジェクターによる大型映像（全天周映像）では4K画質の上映が可能。まるで異空間に飛び出したような没入感を味わえます。

5つの常設展示室内には「ラボ」というワークショップスペースを設け、観察・実験・工作などをテーマとした参加型のイベントを毎日開催。「科学する」ことの楽しさを伝えています。

旬な話題をお届けする天文スタッフの生解説が人気！

DATA
- 多摩六都科学館
- 東京都西東京市芝久保町5-10-64 TEL 042-469-6100
- 9:30～17:00
- 休：月曜日（祝日の場合は翌日）、祝日の翌日、年末年始、ほかメンテナンス休館あり
- ¥：大人：1000円・4歳～高校生：400円・4歳未満：無料（入館料込み）
- 駅：【西武新宿線】花小金井駅より徒歩18分
- あり（普通車120台、大型車10台）有料
- http://www.tamarokuto.or.jp/

ドーム直径／27.5m（傾斜型27度）
座席数／234席（一方向型）
プラネタリウム機種／
（株）五藤光学研究所
CHIRON II／VIRTUARIUM II

東大和市立郷土博物館

狭山丘陵の南にあって、緑にかこまれた総合博物館。「狭山丘陵とくらし」がテーマです。博物館とともに狭山緑地を散策してはいかがでしょう。

プラネタリウムでは、季節ごとにさまざまな番組ラインナップを取り揃えて、小さなお子様から大人まで、みなさんのご来館をお待ちしています。職員の生解説による「星空さんぽ」などの特別投影のほか、手作りの星座解説番組や、毎月の星空と星の話題を紹介する「星だより」シートもご一緒にどうぞ。メガスターIIBが映し出す美しい星空をお楽しみください。

メガスターの美しい星空がたった200円。

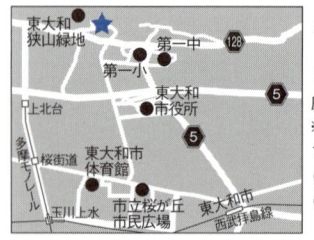

ドーム直径／14m（水平型）
座席数／117席（一方向型）
※ベビーカー：入口預かり
プラネタリウム機種／
（有）大平技研 MEGASTAR-IIB
（株）アストロアーツ
STELLA DOME PRO

DATA
- 東大和市立郷土博物館
- 東京都東大和市奈良橋1-260-2 TEL 042-567-4800
- 9:00～17:00
- 休：月曜日（祝日は開館）、祝日の翌日（土・日にあたる場合は翌火曜日）
- ¥：高校生以上：200円・小中学生：100円・幼児：無料
- 駅：【西武拝島線】東大和市駅より西武バスで「八幡神社」下車、または都営バスで「八幡神社前」下車、どちらも徒歩2分
- あり（19台）無料
- http://www.city.higashiyamato.lg.jp/index.cfm/35,0,366.html

桐朋中学校・高等学校

桐朋中学校・高等学校は東京都国立市にある私立の男子校です。本校では天体の運動や宇宙物理学の学習のために、1970年に光学式プラネタリウムを導入し、運用してきましたが、校舎建て替え工事に伴い、2013年夏にデジタルプラネタリウムに生まれ変わりました。

中学生や高校生の地学の授業のほか、毎年6月上旬の文化祭では地学部員が日頃の練習の成果を発表します。また、学校説明会や市内の小・中学校、公民館などの外部向けの上映もおこなっています。

上映ご希望の際は、事前にご連絡ください。

地学専門の教員が
わかりやすく解説します。

DATA
- 桐朋中学校・高等学校（桐朋中高）
- 東京都国立市中3-1-10 TEL 042-577-2171
- 学校施設のため、常時開館はしていません。
- 日曜日、年末年始
- 無料
- 【JR中央本線】国立駅より徒歩15分、またはバスで「桐朋」下車、徒歩1分
- なし
- http://www.toho.ed.jp/

ドーム直径／8m（水平型）
座席数／68席（一方向型）
プラネタリウム機種／
（株）アストロアーツ・（有）天窓工房
STELLA DOME PRO

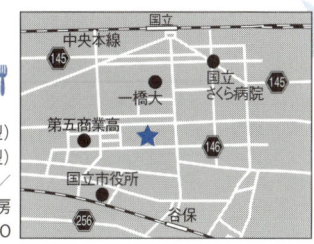

府中市郷土の森博物館

東京ドーム3個分もの広大な敷地に、博物館本館や8棟の復元建築物、広々とした芝生広場や梅園、子どもたちに人気の水遊びの池などがある、施設全域が博物館というフィールドミュージアム。

博物館本館には、直径23mの平面床では関東最大のプラネタリウム、府中の歴史や文化、自然を紹介する、2014年10月にリニューアルオープンしたばかりの常設展示室などがあります。プラネタリウムでは、日々の星空や話題の天文現象を生解説で紹介するとともに、さまざまな全天周番組をお楽しみいただけます。

大きなスクリーンで
美しい星空が楽しめます。

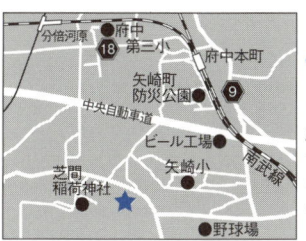

ドーム直径／23m（水平型）
座席数／287席（一方向型）
プラネタリウム機種／
（株）五藤光学研究所 GL-AT
（株）アストロアーツ
STELLA DOME PRO

DATA
- 府中市郷土の森博物館
- 東京都府中市南町6-32 TEL 042-368-7921
- 9:00～17:00　※入館は16:00まで
- 月曜日（祝日は開館）、年末年始、その他臨時休館あり
- 高校生以上：600円・中学生以下：300円・4歳未満：無料（入館料込み）
- 【JR南武線】【京王線】分倍河原駅よりバスで「郷土の森正門前」下車すぐ
- あり（200台）無料
- http://www.fuchu-cpf.or.jp/museum/

コニカミノルタサイエンスドーム（八王子市こども科学館）

プラネタリウムと参加体験型の科学展示物がある科学館です。

プラネタリウムでは、前半は今夜の星空の解説、後半は大型映像番組を投影しています。また、暗い所が苦手な小さなお子さんも親子でお楽しみいただける参加型のキッズ番組も投影しています。プラネタリウムではほかに天文講座、星空観望会時の事前学習、星空コンサートなどを開催しています。美しい星空の下で生演奏をお楽しみいただく星空コンサートは大好評です。

また、科学工作教室、科学実験ショー、かんたん工作、講演会などの講座も開催しています。

最新型のプラネタリウムで
大迫力の映像体験をどうぞ！

DATA
- コニカミノルタサイエンスドーム（八王子市こども科学館）
- 東京都八王子市大横町9-13 TEL 042-624-3311
- 土・日・祝・学校長期休業日10:00～17:00、平日12:00～17:00（午前中は団体専用）
- 月曜日、祝日の翌日（月曜日が祝日の場合は、火曜・水曜日が休館日）、年末年始
- 高校生以上：700円・小中学生：250円・幼児：250円（3歳以下無料）
- 【JRほか】八王子駅よりバスで「サイエンスドーム」下車、徒歩2分
- あり（90台）無料
- http://www.city.hachioji.tokyo.jp/kyoiku/gakushu/sciencedome/index.html

ドーム直径／21m（傾斜型15度）
座席数／255席＋車いす席5（一方向型）
※ベビーカー：入口預かり
プラネタリウム機種／
コニカミノルタプラネタリウム（株）
INFINIUM L／SKYMAX DS II

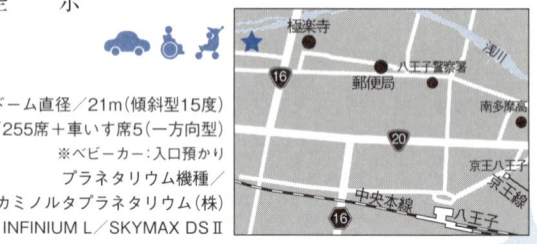

かわさき宙（そら）と緑の科学館

生田緑地の中心に位置し、川崎の自然や天文、科学に関する展示や体験学習事業をおこなっている自然科学博物館です。川崎市のために開発された最新鋭の「メガスターIII フュージョン」を備えたプラネタリウムでは、世界最高水準の星空を投影しており、毎月変わる科学館オリジナルの番組を、その時々に観察できる天文現象の紹介とともに専任の解説員が生で解説します。

このほか中央広場を臨むカフェテリアとミュージアムショップも併設しています。

本物の夜空で体験するような
空気感を再現します。

ドーム直径／18m（水平型）
座席数／200席（一方向型）
プラネタリウム機種／
（有）大平技研 MEGASTAR-III FUSION
（株）アストロアーツ STELLA DOME PRO
（株）オリハルコンテクノロジーズ Uniview

DATA
- かわさき宙と緑の科学館（川崎市青少年科学館）
- 神奈川県川崎市多摩区枡形7-1-2 TEL 044-922-4731
- 9:30～17:00
- 月曜日（祝日の場合は開館）、祝日の翌日（土日の場合は開館）、年末年始
- 大人：400円（65歳以上：200円）・大学生高校生：200円・中学生以下：無料
- 【小田急線】向ヶ丘遊園駅より徒歩15分／【JR南武線】登戸より徒歩25分
- あり（163台）有料 ※要問い合わせ
- http://www.nature-kawasaki.jp/

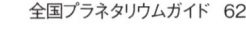

全国プラネタリウムガイド 62

横浜こども科学館（はまぎん こども宇宙科学館）

3/21に宇宙劇場が
リニューアルオープン！

5FからB2まである館全体は、宇宙船をモチーフにしています。各フロアは、それぞれにコンセプトがあり、宇宙の広がりをさぐる「宇宙船長室」、"月面ジャンプ"や"空間移動ユニット"が人気の「宇宙トレーニング室」など、体験型展示が豊富です。子どもから大人まで、自分でふれて体感して、楽しく遊びながら宇宙や科学のふしぎにふれることができます。

宇宙劇場では、直径23mのドーム全体に広がる迫力の映像と、リアルで美しい星がつくりだす、臨場感あふれる宇宙を体験できます。

DATA
- 横浜こども科学館（はまぎん こども宇宙科学館）
- 神奈川県横浜市磯子区洋光台5-2-1 TEL 045-832-1166
- 9:30～17:00（入館は閉館1時間前まで）
- 第1・3月曜日（祝日の場合は翌日）、年末年始、臨時休館
- 高校生以上：1000円・小中学生：500円・4歳以上：300円（入館料込み）
  ※未就学児入館料無料、土曜日は高校生以下入館料無料、プラネタリウムは 3歳以下でも座席利用の場合は有料
- 【JR京浜東北・根岸線】洋光台駅より徒歩3分
- あり（70台）有料　※要問い合わせ
- http://www.yokohama-kagakukan.jp

ドーム直径／23m（傾斜型35度）
座席数／268席（一方向型）
※車いすスペース3席分含む
プラネタリウム機種／
（株）五藤光学研究所
SUPER-HELIOS／VIRTUARIUMⅡ

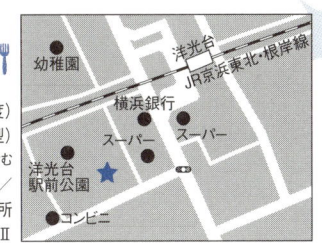

相模原市立博物館

相模原の自然や歴史と宇宙を感じる、森の中の博物館

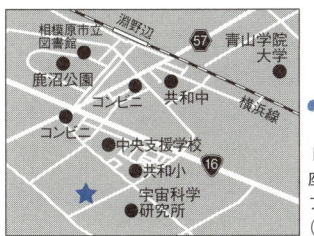

当館は、1995年に開館して以来、相模原の歴史や自然を扱う総合博物館として親しまれ、2011年には入館者数が200万人を超えました。館内には、『川と台地と人々のくらし』をテーマにした自然・歴史展示室、『宇宙とつながる』をテーマにした天文展示室のほかに、様々なテーマで展示をおこなう特別展示室があります。県内最大級の直径23mのプラネタリウムでは、プラネタリウム番組や全天周映画の上映、解説員による星空解説を、また、天体観測室での口径40cmの反射望遠鏡を使用しての星空観望会や、大会議室などを使用しての各種講座・講演会などを開催しています。

DATA
- 相模原市立博物館
- 神奈川県相模原市中央区高根3-1-15 TEL 042-750-8030
- 9:30～17:00
- 月曜日（休日にあたるときは開館）、休日の翌日（休日・土・日曜日にあたるときは開館）、12/28～1/3
- 入館料無料、プラネタリウム観覧料（高校生以上：500円・小中学生以下：200円・幼児（4歳未満）：無料）
- 【JR横浜線】淵野辺駅より徒歩20分、または淵野辺駅よりバスで「市立博物館前」下車すぐ
- あり（95台）無料
- http://sagamiharacitymuseum.jp/

ドーム直径／23m（傾斜型）
座席数／210席（一方向型）
プラネタリウム機種／
（株）五藤光学研究所 GSS-HELIOS

藤沢市湘南台文化センターこども館

光学式とデジタル式の融合によるハイブリッドプラネタリウムで、美しい星と迫力の全天映像が楽しめます。一般向けプラネタリウムは、個性あふれる生解説と宇宙劇場スタッフがシナリオ・演出を手掛けるオリジナルオート番組が自慢。また、毎週土曜日の夜におこなう大人向けの「まいど☆スペシャル」事業が人気。星空のコンサートやのんびりアロマプラネタリウム、星空寄席など多彩な企画が人気を得ています。小4・小6・中学生対象の学習投影では、各学校の要望を取り入れたオリジナルの解説をきめ細かくおこなっています。

オリジナル番組と毎週土曜の大人向け企画がオススメ！

DATA
- 藤沢市湘南台文化センターこども館
- 神奈川県藤沢市湘南台1-8
  TEL 0466-45-1500
- 9:00～17:00
- 月曜日（祝日の場合は翌日）、祝日の翌日、年末年始
- 高校生以上：500円・小中学生：200円・幼児：200円（ひざ上無料）
- 【小田急江ノ島線ほか】湘南台駅より徒歩5分
- あり（80台）有料　※要問い合わせ
- http://www.kodomokan.jp/

ドーム直径／20m（傾斜型30度）
座席数／160席（一方向型）
※ベビーカー：入口預かり
プラネタリウム機種／
（株）五藤光学研究所
CHIRON／VIRTUARIUM II

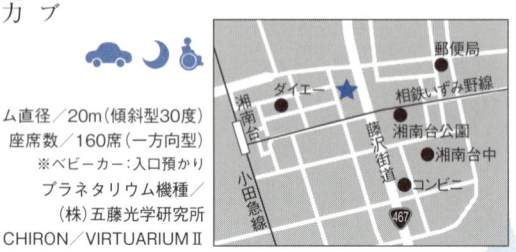

神奈川工科大学厚木市子ども科学館

本厚木駅前、アクセス抜群、厚木の人気スポットです。「500万個の星降るプラネタリウム」コスモシアターでは、メガスター、ステラドームという2種類の投影機で宇宙を再現、様々な種類の番組をご覧いただけます。また、プラネタリウムの星空を双眼鏡で探検する「銀河クルージング」、0歳から楽しめる「きらきらタイム」など、当館ならではのプログラムもあります。展示ホールでは、様々な手作りおもちゃで科学の楽しさにふれることができます。このほか工作教室や科学実験教室など参加体験型イベントが盛りだくさん。

美しい星空と迫力の全天デジタル映像の融合をお楽しみください。

ドーム直径／12m（水平型）
座席数／90席（扇型）
プラネタリウム機種／
（有）大平技研 MEGASTAR-II B
（株）アストロアーツ
STELLA DOME PRO

DATA
- 神奈川工科大学厚木市子ども科学館
- 神奈川県厚木市中町1-1-3　厚木シティプラザ7F
  TEL 046-221-4152
- 9:00～17:00
- 年末年始
- 高校生以上：200円・4歳～中学生：50円
- 【小田急線】本厚木駅より徒歩3分
- なし
- http://www.city.atsugi.kanagawa.jp/acsc/

伊勢原市立子ども科学館

子ども科学館は、科学のふしぎさや楽しさをみなさんが体験する科学の広場です。6つのコーナーに分かれた展示室やプラネタリウム、天体観測室などがあり、科学を中心にわんぱく工作やサイエンスショー、ふれあいミニ教室など様々なイベントを開催しています。また、科学工作教室・科学実験教室といった募集教室、天文イベントとしては、天体観察会や天文学習会、プラネタリウムでのおはなし会などをおこなっています。土曜・日曜・祝日のほか天文にも充実した施設です。

番組ごとに「今夜の星空」の生解説をおこなっています。

DATA
- 伊勢原市立子ども科学館
- 神奈川県伊勢原市田中76 TEL 0463-92-3600
- 9:00～17:00
- 月曜日（祝日・夏休み期間中は除く）、祝日の翌日、毎月第1水曜日、年末年始
- 高校生以上：800円・小中学生：300円・4歳以上：200円（入館料込み）
- 【小田急小田原線】伊勢原駅より徒歩15分、または伊勢原駅よりバスで「行政センター前」下車、徒歩2分
- あり（25台）無料 ※市役所駐車場（約163台）利用可
- http://www.city.isehara.kanagawa.jp/kagakukan/

ドーム直径／18m（傾斜型30度）
座席数／139席（一方向型）
※2席は車いす専用
プラネタリウム機種／
（株）五藤光学研究所
GSS-II／VIRTUARIUM II

平塚市博物館

相模川流域の自然と文化」をテーマに活動している地域博物館。地質・生物・天文・考古・歴史・民俗の6分野を扱い、私たちを取り巻く自然や歴史、文化を総合的に知ることができます。イベントも盛んで、「星を見る会」や「天文連続講座」などを開催しています。3階にはプラネタリウムがあり、光学式とデジタル式を融合させた最新式投影機で、地上から見た星空から宇宙の果てまでの景色を映し出すことができます。星空の話だけでなく、最新の宇宙像や最先端の天文学にも触れることができ、演劇やコンサートもおこなっています。

最新式の多彩な投影機と学芸員による生解説が売りです。

ドーム直径／10m（水平型）
座席数／70席（一方向型）
プラネタリウム機種／
（株）五藤光学研究所
　PANDORA／VIRTUARIUM X
（株）アストロアーツ STELLA DOME PRO
（株）オリハルコンテクノロジーズ Uniview

DATA
- 平塚市博物館
- 神奈川県平塚市浅間町12-41 TEL 0463-33-5111
- 9:00～17:00（入館は16:30まで）
- 月曜日、月末休館日（土・日曜日及び特別展期間中は除く）、年末年始
- 200円（18歳未満、65歳以上：無料）
- 【JR東海道本線】平塚駅より徒歩20分
- あり（75台）無料
- http://www.hirahaku.jp/

星の力・プラネタリウムの力

人類が見上げ続けてきた星空

星空は、地球上の生命にとって唯一の共有の風景です。おそらく地球に最初に生まれた人も星空を見ていただろうし、今、この瞬間にも、どこかで星を仰いでいる人がいるのでしょう。その星空から、人は「時間」と「空間」という概念を獲得してきました。そして、一つひとつは単なる点像でしかない、手に届かない光に、何故か、夢や希望を託し、自分を見つめ直し、畏怖や感謝の念をいだき、誰かを想うということをしてきたように思います。星と星を結び、そこに物語を描いたその行為は、まさしく人々に想像力というものが生まれたときでもあるかもしれません。そこに意味を見いだしたい、自分たちはどこからきてどこへ向かってゆくのかを知りたい、そのように人間を科学に向かわせたものの原点に、満天の星空は欠かせないものとしてあったのでしょう。

私はこれまで山梨県立科学館で、いろんな人が"関わる"企画やプラネタリウム番組の制作を行ってきました。例えば、「星つむぎの歌」というプロジェクトでは、山梨より全国に呼びかけ、一行ずつ詞を公募・選定し、2,000人以上の方が関わって、歌が"つむがれ"ました。たった一行の投稿なのに、それぞれの人生が見え隠れするようなコメントを書くことが多く、そこに星の力を感じました。星は人の気持ちをつなぐ、ということも、このプロジェクトに教えてもらったように思います。やがて、このプロジェクトは、プラネタリウム番組、CDつき絵本、ミュージカルに発展していきました。「Memories-ほしにむすばれて」というプラネタリウム番組では、谷川俊太郎さんの絵本「ほしにむすばれて」のストーリーに、一般公募で選ばれた詩を連詩のように絡み

ネタリウムにしかできないこともたくさんあります。天候に関わらず、時空を超えて星空を映し出せることはもちろんのこと、ドーム・暗闇・映像・音響を兼ね備え、そして、人が集う。これは他のメディアにはない大きな特徴です。

プラネタリウムは集う場・つなぐ場

所詮、映像が映し出すプラネタリウムの星空は、本物の美しさには到底勝つことができません。けれども、プラ

星つむぎの歌の合唱

全国プラネタリウムガイド 66

合わせ、「人と宇宙の物語」を描きました。そこに関わった人からは、「私の周りで星を見上げる人が増えました」というコメントをいただいたりしました。

一方、星空や宇宙は、自然科学のみならず、歴史、民俗、文化人類学など、多くの学問分野と関係があり、また、プラネタリウムは総合芸術のような場でもあるので、多くの分野と「つなぐ」場でもあります。「戦場に輝くベガ～約束の星を見上げて」というプラネタリウム番組は、一見プラネタリウムとは遠い世界に感じられる戦争をテーマに取り上げ、戦時中の天文航法と暦計算を題材に、「すべてのものを引き裂くのが戦争、すべてのものをつなぐのが星」という静かなメッセージをもった作品です。これらもその後、小説、歴史ドキュメンタリー書、ラジオドラマへと発展していきました。星空が与えてくれる想像力こそ、今の社会が必要としているものかもしれません。

一人ひとりと宇宙をつなぐ物語

「ドームは人々の想像力と内なる宇宙を投影できる場所」ということに気づかせてもらったのは、プラネタリウム・ワークショップという参加者主体のイベントでした。プラネタリウムは自由自在に時空を行き来できるので、参加者が希望する星空の下で思い出を語ったり、宇宙空間のさまざまなシーン（太陽系、銀河、銀河団…）を体験したり…言葉、音楽や音、体を駆使しながらコミュニケーションし、力を合わせながら宇宙を表現していく。そんな体験をきっかけに、「星の語り部」というボランティアグループが立ち上がり、10年以上毎年、手作り番組を制作する他、ユニバーサルデザイン絵本の制作なども行ってきました。見えない方や聞こえない方と、どうプラネタリウムを楽しむか、宇宙を共有するか、そんな取り組みをやってこられたのも、そこに当事者の方々が関わってくれたからです。そして、ユニバーサルデザイン番組の制作にもつながっています。「星の語り部」メンバーたちの自由な発想やコミュニケーションは、実に、プラネタリウムの可能性をぐんと広げてくれています。

今やプラネタリウムはデジタル時代に入り、科学によって積み上げられてきた宇宙観を、より具体的に見せられるようになってきました。それは人間が長い間願ってきたものを目の当たりにすることでもあり、また、私たちはみな宇宙内存在であるというメッセージでもあります。技術の進歩は、そんな壮大な宇宙の姿を、ノートパソコン1台に入れて持って歩けることを可能にしました。現在、私はそんな「壮大な宇宙」を携え、病院や施設、学校や博物館、また、ストレス社会に生きる人たちのところに出かけています。それは一人ひとりにある星空や宇宙の記憶を思い出してもらうためなのです。みなさんの身近にあるプラネタリウム。そこには、人々の知の積み上げがあり、また、想いがあります。ぜひ、想像力の翼を広げ、みなさん一人ひとりと宇宙をつなぐ物語を、見つけてみてください。

ベガちらし

星空工房アルリシャ代表　高橋真理子

（たかはしまりこ）

山梨県立科学館のプラネタリウムで、「つなぐ」「つくる」「つたえる」をキーワードに、星を介して様々な分野と人をつないできた。13年に独立、星空を「とどける」活動や企画・研修などを行う。星空工房アルリシャ代表。山梨県立科学館天文アドバイザー。山梨県立大、日大芸術学部　非常勤講師。　http://alricha.net

プラネタリウムと未来の学校教育

成蹊中学高等学校教諭 宮下 敦

日本では科学技術立国の政策に基づいて理科教育施設の充実が図られているため、小学校や中学校の授業で、プラネタリウムで天文の学習をした体験を持っている人は少なくないことと思われます。

最近は、プラネタリウムにいかなくても、移動式のエアドームの導入で、学校の体育館などで学習投影ができるようになり、出前授業の形で投影をすることも行われています。また、私立校の中にはつ理科室にプラネタリウムがあり、デジタル投影装置が設置されているところもあります。中には最新の4K動画を見ることができる学校も出てきています。このようにプラネタリウムが学校現場で身近になっていることを受けて、高校生以下が対象の番組の解説コンクールというイベントも開催されていました。

また、パーソナル・コンピュータを使ったプラネタリウム・ソフトウェアも、市販のものからフリーソフトまで利用できるものが増えており、国立天文台が開発している「Mitaka」のように、見る人の視点を宇宙空間の中で自由に変えてシミュレートできるものも開発されています。一人一台ずつタブレット端末やスマートフォンが使えるようになり、夜空を見ながら星座を探すことができるアプリも普及しています。将来的には、3Dバーチャル・リアリティーを駆使して、銀河の中を自由に動き回ったり、惑星に降り立って観察をしたり、という教材も使われるようになることでしょう。

そのような時代にプラネタリウム施設と学校教育の関係をどうすべきか、ということを模索しなくてはならない時期に来ているように思います。身近なところにある小さなデバイスではなく大きなドームで学習したい内容ということになると、やはり本物の星空に近いものを大きなスケールでシミュレートできる投影が期待されます。それなら本物の星空を見たいという人もいるかもしれません。しかし、都会の明るい夜空では本物の星空とはいいがたいでしょう。また、学校で天文領域を扱える時期は概ね決まっていますから、授業時とは違う季節の天体の動きをプラネタリウムで見ることができるのは魅力です。天候に左右されずに、繰り返し観察ができるという大きなメリットもあります。このためICTが普及しても、プラネタリウムに代わるものには簡単にはならないことが予想されます。プラネタリウムで星座を覚え、季節によって見える天体が違うことを学習した上で、実際の星空で実感する、ということができれば理想的です。

（みやしたあつし）
これまで地球科学や天文学を中心に、能動的に学習できる教材開発を行ってきている．近年は理科教育法講座で大学生と一緒に新しい教材開発に取り組んでいる。私立成蹊中学高等学校理科教諭。成蹊高等学校天文気象部顧問、早稲田大学教育学部非常勤講師。

桐朋中学校・高等学校は2012年にデジタル式プラネタリウム TriView にリニューアル。昔ながらのボリュームつまみはPCに連動し，タッチパネル操作も可能。

↑背景の星空の手前に，波長の異なる天文観測データを重ねて表示することが可能。写真は暗黒星雲の分布をあわせ写したもの。
【写真提供：桐朋中学校・高等学校】

中部

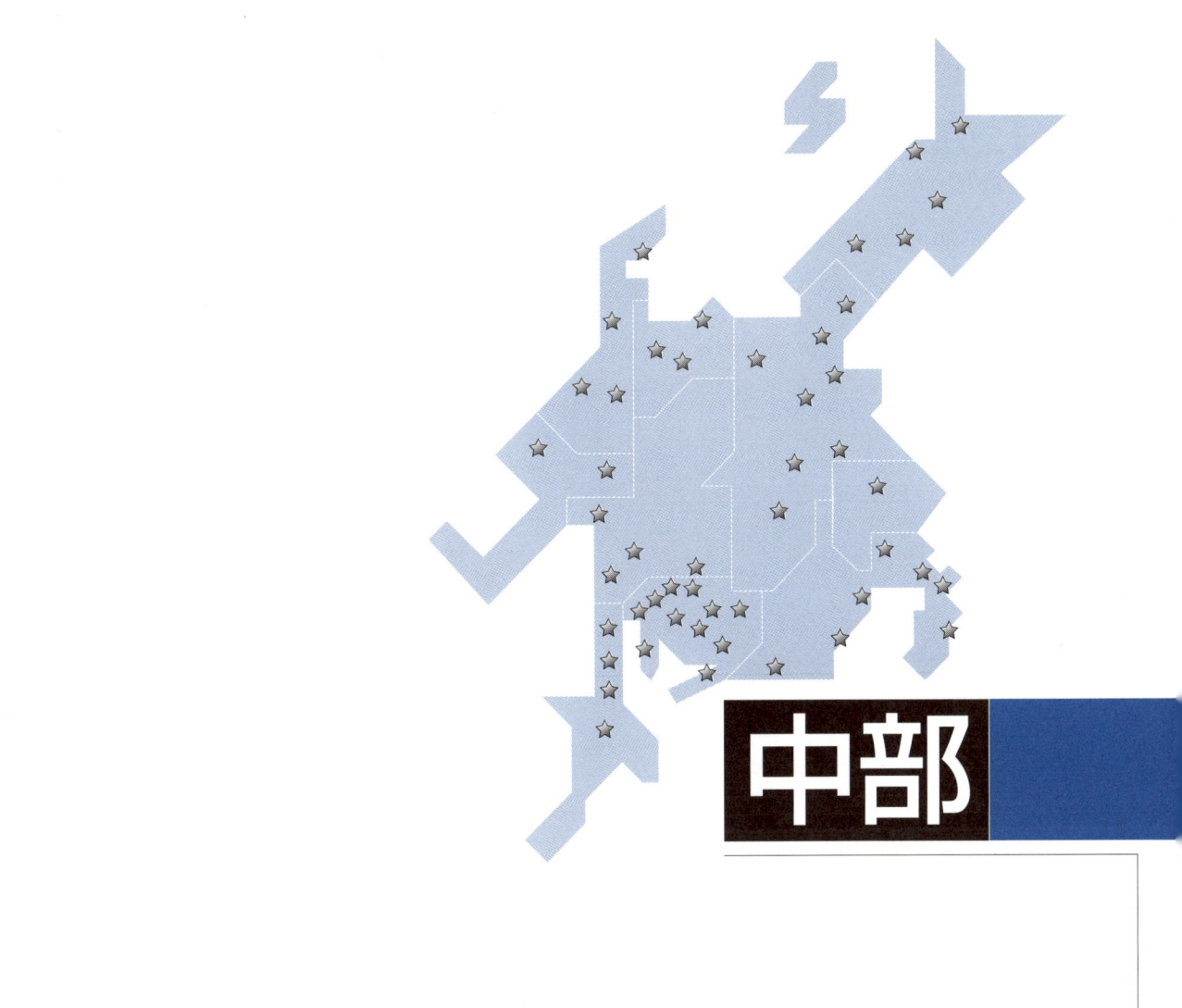

村上市教育情報センター

新潟県村上市の村上市教育情報センターは、1994年に開館した施設です。県北唯一のプラネタリウム施設では、毎週土曜日と日曜日に定期番組の上映をおこなっています。

平日は市内の小学校児童向けの学習投影や保育園の園児向けの催しで利用いただいています。月に1回子ども向けのビデオ上映会「ものがたりシアター」の開催や、不定期ですが地元のアマチュア演奏家によるミニ・コンサートを開催しています。

今後は、学校の春休み、夏休み、冬休みや平日の放課後など、子どもの居場所づくりの一環として施設を活用していきます。

日常を離れた幻想的な空間が体験できます。

DATA
- 村上市教育情報センター
- 新潟県村上市田端町4-25
  TEL 0254-53-7511
- 9:00～22:00
- 休 12/29～1/3
- 中学生以上：200円・小学生：100円・幼児：無料
- 【JR羽越本線】村上駅より徒歩10分
- あり(80台)無料
- http://www.lib-murakami.jp/

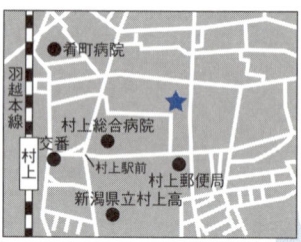

ドーム直径／12m(水平型)
座席数／80席(扇型)
プラネタリウム機種／
(株)五藤光学研究所 GX-AT

新潟県立自然科学館

「見て、触れて、操作して」遊びながら学べる体験型の大型総合科学館。

ドーム直径18m、200席を備えた日本海側最大級のプラネタリウムでは、光学式プラネタリウムと全天周デジタル映像システムを融合させたハイブリッド・デジタル投映機を2011年から導入。約1000万個もの星で表現する星空と迫力ある全天周デジタル映像で宇宙を深く体験できます。リクライニングシートにもたれ満天の星に包まれるような感覚を覚える、そんな非日常的な空間で繰り広げられる大宇宙の夢とロマンをお楽しみください。

人気は当日の星空
生解説番組「星空さんぽ」！

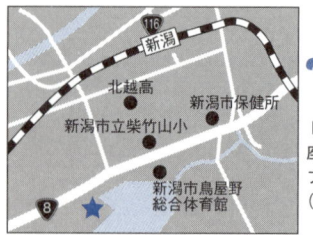

ドーム直径／18m(水平型)
座席数／200席(一方向型)
プラネタリウム機種／
(株)五藤光学研究所
CHRONOS II EX／VIRTUARIUM II

DATA
- 新潟県立自然科学館
- 新潟県新潟市中央区女池南3-1-1
  TEL 025-283-3331
- 9:30～16:30(平日)、9:30～17:00(土・日・祝)
  ※入館は閉館30分前まで
- 休 月曜日(祝日の場合は翌日)、年末年始
- 高校生以上：780円・小中学生：200円・幼児：無料
  (入館料込み)
- 【JR】新潟駅よりバスで「野球場・科学館前下車」下車、徒歩3分
- あり(250台)無料
- http://www.sciencemuseum.jp/niigata/

長岡市青少年文化センター

長岡市青少年文化センターは、1969年の開館以来、青少年の健全育成を目的とし、科学知識の普及、文化活動を通じた情操の陶や、公徳心の養成、知・徳・体の指導および青少年の興味関心による自発的活動促進のために取り組んできました。

今後も、時代・社会の変化に対応し青少年の関心を察知、将来の展望にたち、設備の拡充、内容の改善、地域との連携をはかり、身近で親しみやすい施設として、その役割を果たして行きたいと考えています。主な施設と活動：プラネタリウム、星空シアター（観望会）、科学コーナー、各教室、イベントなど。

全天ドームに対応、臨場感ある映像をぜひ体験してください。

DATA
- 長岡市青少年文化センター（青文）
- 新潟県長岡市今朝白1-1-1 TEL 0258-34-1305
- 9:30～17:00
- 月曜日、祝日の翌日（土日にあたる場合は開館）、年末年始
- 大人：150円・高校生：120円・中学生以下：70円・3歳以下：無料 ※団体料金あり
- 【JR上越線】長岡駅より徒歩10分
- あり（36台）無料
- http://www.shiteikanrisha.jp/nagaoka-seisyounen/

ドーム直径／10m（水平型）
座席数／94席（同心円型）
プラネタリウム機種／
コニカミノルタプラネタリウム（株）
MS-10AT
一般のプロジェクターと
ブルーレイプレイヤーで投影

プラネタリウム　ドーム中里き☆ら○ら

夕焼け空から始まる「今月の星空案内」と、その時々の話題や天文クイズなど多彩な内容の企画とで、皆さんを星空の世界へご案内し、最後に美しい夜明けを迎えます。

運営委員手作りの番組は毎月内容を変え、投影は生の解説を交えて楽しく、わかりやすくお伝えしています。

また、小学生以下で12回目の来館者を「ちびっこ天文博士」と認定し、特別無料投影日に表彰。認定証と記念品、無料入場券を贈呈し、お名前を10年間掲示するなどの特典があります。2015年は新たにデジタルプラネタリウムを導入し、臨場感あふれる全天周映像もお楽しみいただけるようになります。

毎月変わる手作り番組を解説員の生解説でお届けします。

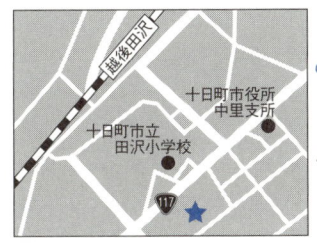

ドーム直径／6.5m（水平型）
座席数／34席（一方向型）
プラネタリウム機種／
コニカミノルタプラネタリウム（株）
MS-6

DATA
- プラネタリウム　ドーム中里き☆ら○ら（きらら）
- 新潟県十日町市山崎己1415　中里ショッピングセンターユーモール2F
  TEL 025-763-2493（月曜日～金曜日）
  025-763-2414（日曜日）
- 定期投影：第5日曜日を除く毎週日曜日（11:00～11:45）※学習投影・団体投映は随時受付
- 年末年始
- 高校生以上：200円・中学生以下：100円 ※団体料金あり
- 【JR飯山線】越後田沢駅より徒歩7分
- あり（50台）無料
- http://www.city.tokamachi.niigata.jp/

上越清里星のふるさと館

新潟県天然記念物に指定されている「櫛池の隕石」を展示している天文観測施設です。県内最大の650mm天体望遠鏡を備え、日中は太陽望遠鏡でプロミネンスなどの観測が可能です。
また、全天周プラネタリウムも備えており、季節に合わせた星空を上映しています。惑星や星雲、銀河などの観測ができます。
小学生から大人まで幅広く天文学習に利用され、仮眠しながら夜の天体観測もできます。指導員も充実しており、ご要望に即したプログラムをご用意できます。

マスコットの「くしりん」もお待ちしています。

DATA
- 上越清里星のふるさと館（星のふるさと館）
- 新潟県上越市清里区青柳3436-2
  TEL 025-528-7227
- 10:00～17:00（土曜日並びに5・6・8・9・10月の金曜日は22:00まで）
- 火曜日（祝日の場合は翌日）、12/1～3/31
- 大人：300円・高校生：300円・小中学生：200円・幼児：無料
- 【えちごトキめき鉄道】高田駅よりバスで「青柳入口」下車、徒歩30分
- あり（30台）無料

http://www.tenmon.jorne.ed.jp/

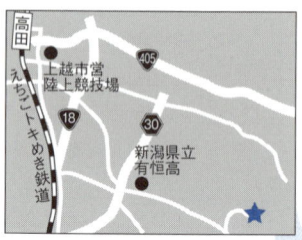

ドーム直径／8.5m（水平型）
座席数／52席（一方向型）
プラネタリウム機種／
（株）五藤光学研究所 GS-AT

黒部市吉田科学館

直径20mのプラネタリウムドームでは、1万3500個の星が映し出され、リアルな星空を体感できます。また、年1回投映している当館オリジナル番組（毎年夏に投映）では、地元を題材にした物語を制作しています。そのほか、大人向けのプラネタリウム（マタニティプラネタリウム・癒しのプラネタリウム）なども投映しています。館内では、ゲームやクイズで楽しみながら科学が学べるサイエンスギャラリーや、実際にさわって遊べる手作りの科学おもちゃコーナー、不思議な積み木「カプラ」コーナーなどの常設展のほか、特別展や写真展を年間通じて開催しています。

黒部に広がる
小宇宙をお楽しみあれ！

ドーム直径／20m（水平型）
座席数／233席（一方向型）
プラネタリウム機種／
コニカミノルタプラネタリウム（株）
MS-20AT

DATA
- 黒部市吉田科学館
- 富山県黒部市吉田574-1
  TEL 0765-57-0610
- 9:00～16:30
- 月曜日、祝日の翌平日、年末年始
- 大人：300円・高校生：150円・小中学生以下：無料
- 【あいの風とやま鉄道】生地駅より徒歩10分／
  【北陸新幹線】黒部宇奈月温泉駅より車で15分
- あり（100台）無料

http://kysm.or.jp/

富山市科学博物館

高山から深海までを含む富山の自然と、そこに生きる人々と自然との関わりを、たくさんの標本や装置を通して分かりやすく紹介しています。

市内で発見された恐竜足跡化石や動く恐竜模型、大地の歴史を紹介した展示室「とやま時間のたび」、急流河川の特徴とそこに住む生き物や、クジラの大型骨格標本など富山湾の特徴を紹介した「とやま・空間のたび」、錯視やリニアモータの原理を体験できる「おもしろ実験広場」、太陽系のCG映像、天文クイズなどがある「宇宙へのたび」などの展示室があります。またフルデジタルのプラネタリウムでは、全天に渡る映像を映し、リアルな星空を紹介しています。

ティラノサウルスの動く模型、迫力あるデジタルプラネタリウムがお勧めです。

DATA
- 富山市科学博物館
- 富山県富山市西中野町1-8-31　TEL 076-491-2123
- 9:00～17:00(入館は16:30まで)
- 年末年始
- 高校生以上:520円・小中学生:210円・幼児:無料(土日祝は高校生まで無料)
- 【JR】富山駅よりバスで「西中野口」下車、徒歩1分
- あり(100台)無料
- http://www.tsm.toyama.toyama.jp/

ドーム直径／18m(水平型)
座席数／242席(一方向型)
※ベビーカー:入口預かり
プラネタリウム機種／
(株)五藤光学研究所 VIRTUARIUM Ⅱ

国立立山青少年自然の家

国立立山青少年自然の家は、標高670mに開設されており、豊かな自然に囲まれた施設です。「登山と星の立山」をキャッチフレーズに、年間10万人を超えるみなさんに利用していただいています。当施設のプラネタリウムは、自然の家を利用するみなさんの活動プログラム「星座観察」として利用していただけます。また、その時は必ず外部講師(星の講師)を依頼していただきます。60cm反射式望遠鏡での天体観測、スライドを使った星の話などと合わせ、1時間の星のプログラムを楽しんでいただけます。

プラネタリウムと実際の星空を合わせて観測できます。

ドーム直径／8m(水平型)
座席数／42席(一方向型)
プラネタリウム機種／
コニカミノルタプラネタリウム(株)
MS-6

DATA
- 独立行政法人国立青少年教育振興機構 国立立山青少年自然の家(立少)
- 富山県中新川郡立山町芦峅寺字前谷1　TEL 076-481-1321
- 8:30～21:30(星の講師依頼と事前打合せが必要)
- 国立立山青少年自然の家の休館日に準ずる
- 1団体(40名以内)1時間6050円(星の講師依頼料)
  ※40名単位で1団体とみなし、1団体につき6050円の星の講師依頼料が必要。
- 【富山地方鉄道】千垣駅よりバスで「立山博物館」下車、徒歩4km(所要時間約70分)
- あり(40台)無料
- http://tateyama.niye.go.jp/

石川県柳田星の観察館「満天星」

満天星は星空が美しい石川県能登半島にある天文施設です。

プラネタリウム「パンドラ」は4000万個もの星々を映し出し、双眼鏡でも本物の空と同じように楽しむことができます。天文台には石川県最大の60cm反射望遠鏡があり、木曜以外毎日お電話1本で1名様から天体観望会へご参加いただけます。月明かりがない夜には満天の星空が見られます。やなぎだ植物公園内の宿泊施設「アストロコテージ」では、備え付けの望遠鏡で一晩中星を見ることができます。

プラネタリウムと本物の2つの満天の星をお楽しみください。

星空の美しい能登で宇宙に思いを馳せましょう!!

DATA
- 石川県柳田星の観察館「満天星」（満天星）
- 石川県鳳珠郡能登町上町口1-1（やなぎだ植物公園内）　TEL 0768-76-0101
- 9:30〜17:00
- 木曜日、年末年始
- 高校生以上：500円・小中学生：300円・幼児：無料
- 【のと里山海道】能登空港ICより車で30分
- あり（200台）無料
- http://mantenboshi.jp/

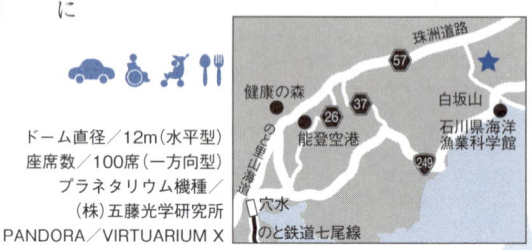

ドーム直径／12m（水平型）
座席数／100席（一方向型）
プラネタリウム機種／
（株）五藤光学研究所
PANDORA／VIRTUARIUM X

コスモアイル羽咋（はくい）

能登半島UFOのまち羽咋（はくい）にあるコスモアイル羽咋。本物の宇宙船に会える博物館で併設されたプラネタリウムでは、「ドリーム・トゥ・フライ」と「BACK TO THE MOON FOR GOOD」の2作品を上映。宇宙展示室にあるアポロ司令船・着陸船を見たあとで番組を見れば、宇宙に思いを馳せることまちがいなしです。

運が良ければ、宇宙人キャラクター「サンダーくん」に遭遇するかも？

2015年1月より新番組
2作品同時上映

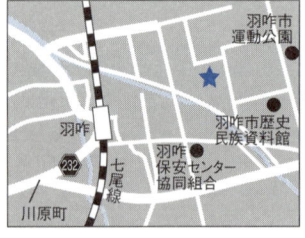

ドーム直径／12m（水平型）
座席数／98席（一方向型）
プラネタリウム機種／
（株）リブラ HAKONIWA

DATA
- コスモアイル羽咋
- 石川県羽咋市鶴多町免田25
  TEL 0767-22-9888
- 8:30〜17:00
- 火曜日
- 高校生以上：800円・小中学生：400円・幼児：無料（入館料込み）
- 【JR七尾線】羽咋駅より徒歩15分
- あり（150台）無料
- http://www.hakui.ne.jp/ufo/

いしかわ子ども交流センター

2カ月ごとに自主制作番組を投映し、テーマにそって生解説をしています。星空解説中に映し出される星座絵は、長い歴史の中で描かれたものの中から9種類650個以上もあり（ボーデ、バリッドなど）、すべて私たちが手描きで描き起こしたものです。解説員が、その日の気分や解説内容に応じて使い分けることができるので、同じ解説に出会うことはないでしょう。デジタル投映機の特性を活かしつつも従来の光学式を使って投映しているかのような、オーソドックスな投映スタイルが特徴です。

解説員の個性を活かした全編生解説が魅力です。

DATA
- いしかわ子ども交流センター
- 石川県金沢市法島町11-8　TEL 076-243-6501
- 9:00～17:00（3～10月）、9:00～16:30（11～2月）
- 月曜日（国民の祝日法に規定する休日にあたる場合はその翌日）、年末年始
- 高校生以上：400円・小中学生：100円・幼児：100円（3歳未満：無料）
- 【JR】金沢駅よりバスで「寺町1丁目」下車、徒歩10分
- あり（普通車72台、大型車6台）無料
- http://www.i-oyacomi.net/i-kodomo/

ドーム直径／15m（水平型）
座席数／170席（一方向型）
プラネタリウム機種／コニカミノルタプラネタリウム（株）SKYMAX DSⅡ-R2

金沢市キゴ山天体観察センター

コンセプトは自然と宇宙　金沢の中心部から車で30分。様々な種の樹木、広がる草原、鳥や虫たちの声…。見上げれば南の方角には、名峰「白山」とそれに連なる1500m級の山々の姿が…。あふれる自然があなたをお出迎えすることでしょう。夜には澄み切った空気の中で、無数の星たちがきらめきます。たとえ天候に恵まれなくとも、当館のプラネタリウムから満天の星空をお届けします。

宇宙や科学について学ぶことができる体験型展示施設です。

ドーム直径／10m（水平型）
座席数／80席（扇型）
プラネタリウム機種／コニカミノルタプラネタリウム（株）COSMOLEAP 10

DATA
- 金沢市キゴ山天体観察センター（銀河の里キゴ山）
- 石川県金沢市平等本町カ13-1　TEL 076-229-1141
- 9:00～17:00
- 月曜日（祝日の場合は翌日）、年末年始
- 高校生以上：510円・小中学生、幼児：300円
- 【JR】金沢駅よりバスで「キゴ山ふれあいの里」下車、徒歩15分
- あり（50台）無料
- http://www4.city.kanazawa.lg.jp/39059/

福井県児童科学館

エンゼルランドふくいは、福井県北部に位置し、児童館・科学館・文化館と複合的な機能を併せ持つ県立の施設です。大型アスレチックや展示エリア、プラネタリウムなどを有し、年間50万人以上が訪れる人気の施設です。

北陸最大級直径23mのドームスクリーンでは、光学式のリアルな星空に加え、新型のデジタルプラネタリウムで、より美しく迫力ある映像が楽しめます。最近では、たっぷり45分の生解説が楽しめる「星空散歩」や様々なジャンルの音楽と星空のコラボレーション「大人のためのプラネタリウム」が好評です。

星空の生解説や大人向け
プログラムも充実しています。

DATA
- 福井県児童科学館（エンゼルランドふくい）
- 福井県坂井市春江町東太郎丸3-1 TEL 0776-51-8000
- 9:30～17:00、9:30～18:00(7/1～8/31)
- 月曜日（休日を除く）、休日の翌日（土・日・休日を除く）、12/28～1/3
- 大人：500円・小中高生：250円・幼児：100円（3歳未満は無料）
- 【JR北陸本線】春江駅より徒歩20分
- あり（普通車360台、大型車10台）無料
- http://angelland.or.jp/

ドーム直径／23m（傾斜型25度）
座席数／250席（一方向型）
※車いす席、補助席12席含む
プラネタリウム機種／
(株)五藤光学研究所
GSS-HELIOS／VIRTUARIUM X

福井県自然保護センター　観察棟

福井県東部に位置する六呂師高原にあります。地域の自然の素晴らしさやしくみを学べる施設です。人間と自然のかかわりやこれからの自然保護について考えることができます。

また、プラネタリウムでは季節の星座の解説と星座にまつわる話を上映しています。さらに、全国有数の空の暗さを誇る星空の下、口径80cmの反射望遠鏡での天体観望会を開催しており、県内はもちろん、県外からもたくさんの参加者が訪れています。

― 身近な自然から宇宙まで ―
いろいろな自然体験ができます。

ドーム直径／6.5m（水平型）
座席数／44席（一方向型）
プラネタリウム機種／
(株)五藤光学研究所 GEⅡ-T

DATA
- 福井県自然保護センター　観察棟
- 福井県大野市南六呂師169-11-2 TEL 0779-67-1655
- 9:00～17:00（本館）
- 月曜日（祝日を除く）、祝日の翌日（土・日・祝日を除く）、12/28～1/4
- 無料
- 【JR九頭竜線】越前大野駅より乗合タクシーで「砿口」下車、徒歩20分　※乗合タクシーは要予約／【北陸自動車道】福井ICより国道158号線経由、約60分／【中部縦貫道】大野ICより約30分
- あり（50台）無料
- http://www.fncc.jp/

山梨県立科学館

甲府駅から車で約15分、甲府盆地を見下ろす小高い山の上にあります。スペースシアターでは、国内初のプレアデスシステムを導入。メガスターの美しい星空や、宇宙シミュレーターUniviewのリアルな宇宙映像は圧巻です。投影内容は、開館以来、軸となっているオリジナル制作番組や、生解説「星空散歩」が特に人気。ユニバーサルデザイン投影にも積極的に取り組んでいます。

そのほか、20cmクーデ望遠鏡を備えた天体観測室や体験型展示の多い展示室、豊富なメニューの実験・工作教室なども充実しており、幅広い年代の方に親しまれています。

オリジナル番組や生解説など、独自コンテンツが充実。

DATA
- 山梨県立科学館
- 山梨県甲府市愛宕町358-1　TEL 055-254-8151
- 9:30～17:00（入館は16:30まで）、夏休み期間は 9:30～18:00（入館は17:30まで）
- 月曜日（月曜が休日の場合および長期休暇期間を除く）、祝祭日の翌日（翌日が土日の場合は開館）、12/29～1/3
- 大人：820円・高校生：330円・小中学生：330円・幼児：120円（入館料込み）
- 【JR】甲府駅より徒歩30分
- あり（200台）無料
- http://www.kagakukan.pref.yamanashi.jp/

ドーム直径／20m（傾斜型25度）
座席数／160席（一方向型）
プラネタリウム機種／
(有)大平技研 MEGASTAR-ⅡA Kaisei
SCISS・オリハルコンテクノロジーズ Uniview
(株)アストロアーツ STELLA DOME PRO

中野市立博物館

常設展示室では、中野市の自然と歴史、文化をテーマに様々な資料を展示しています。私たちのふるさとの記憶を刻み込んだ資料、それらを直接、自分の目で確かめる。そんな場所として、展示室を設けました。

プラネタリウムでは、新しい技術でよりわかりやすくなったドーム内の星空で、季節を代表する星座や星々をご紹介します。投影開始時間によって上映番組が異なります。詳細はお問い合わせください。

また、展望室からは北信五岳や志賀高原、千曲川を見ることができます。

プラネタリウム映像の迫力、展望室からの眺望は必見です。

DATA
- 中野市立博物館
- 長野県中野市大字片塩1221
  TEL 0269-22-2005
- 9:00～17:00（3～11月）、10:00～16:00（12～2月）
- 火曜日（祝日は開館）・12/29～1/3
- 大人：400円・高校生：200円・小中学生以下：無料
- 【長野電鉄】信州中野駅より車で15分／【JR飯山線】上今井駅より車で10分
- あり（普通車41台、大型車3台）無料
- http://www.city.nakano.nagano.jp/city/hakubutukan/index.htm

ドーム直径／13m（水平型）
座席数／100席（一方向型）
プラネタリウム機種／
(株)五藤光学研究所 GX-AT

長野市立博物館

信州の美しい星空と人とを
つなげるプラネタリウム！

「長野市立博物館」では、1981年の開館当初からプラネタリウム番組を自主制作してきました。その数は、計100本以上にのぼります（2015年1月現在111本）。自主制作にこだわるのは、シナリオから演出まで、自分たちが伝えたいことを、来てくれた方に直接伝えることができるからです。

今後は、さらに新しい番組を制作していくと同時に、過去の番組をデジタル映像でリメイクし、多くの作品をより多くの人に楽しんでもらうことを計画しています。

DATA
- 長野市立博物館（ながはく）
- 長野県長野市小島田町1414　TEL 026-284-9011
- 9:00～16:30
- 月曜日、祝休日の翌日、年末年始、7月の第2週月～金の5日間
- 大人：250円・高校生：120円・小中学生：50円・幼児：無料（展示室入館は別途料金が必要）
- 【JR】長野駅よりバスで「川中島古戦場」下車、徒歩3分
- あり（60台）無料
- http://www.city.nagano.nagano.jp/museum/

ドーム直径／12m（水平型）
座席数／91席（一方向型）
プラネタリウム機種／
（株）五藤光学研究所 GSS-URANUS
（株）リブラ HAKONIWA 2

公益財団法人 大町エネルギー博物館

科学と不思議が出会う、
遊びとくつろぎの空間です。

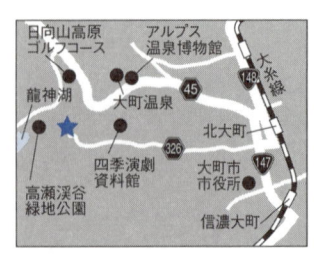

北アルプスの山々より下る豊富な水の運動エネルギーは電気へと変換され、大正・昭和・平成の各時代を通じて様々な役割を担ってきました。館内外の水車・発電機などの実物展示を通して、水力エネルギー開発の歴史に想いを馳せ、エネルギーの流れについて考えてみるのは如何でしょうか？熱・光・運動・電気など様々なものに変わり、直接見ることが難しいエネルギーですが、各種模型や実験装置などにより、エネルギーの基礎について楽しく学ぶことができます。

プラネタリウムは北アルプスを背景に満天の星空、喜多郎オリジナルBGMと生解説でロマンの世界へといざないます。

ドーム直径／8m（水平型）
座席数／60席（一方向型）
プラネタリウム機種／
コニカミノルタプラネタリウム（株）MS-8
(有)天窓工房 4D2U「3Dデジタル投影システムMitaka」

DATA
- 公益財団法人 大町エネルギー博物館
- 長野県大町市平2112-38　TEL 0261-22-7770
- 9:00～17:00
- 水・木曜日、12～3月（冬期休館）
- 高校生以上：600円・中学生：500円・小学生：400円・幼児：200円（入館料込み）
- 【JR大糸線】信濃大町駅より車で15分
- あり（40台）無料
- http://omachimuse.web.fc2.com/

全国プラネタリウムガイド　78

上田創造館

上田創造館は、文化創造やコミュニティ活動の中核施設として誕生し、来年（2016年）は30周年を迎えます。

昨年（2014年）、プラネタリウムをデジタル方式にリニューアルし、地域の話題を題材にした独自番組も投映し、満天の星空を迫力あるデジタル映像で体験できます。次代を担う子どもたちが科学に興味や関心、理解を深め、誰もが科学に触れる機会を持つことができる施設を目指し、このたび、上田地域の鉱物・岩石・化石展示室をオープンしました。ご来館をお待ちしております。

心ときめく出会いを、上田創造館プラネタリウムでお楽しみください。

DATA
- ：上田創造館
- ：長野県上田市上田原1640　TEL 0268-23-1111
- ：9:00～22:00
- ：2015年度の6/8、10/5、12/29～1/3、2/8
- ：大人：260円・高校生：210円・小中学生：110円・幼児：無料
- ：【JR・しなの鉄道】上田駅よりバスで「長池」下車、徒歩3分、または車で15分
- ：あり（150台）無料

http://www.area.ueda.nagano.jp/sozokan/

ドーム直径／12m（水平型）
座席数／100席（一方向型）
プラネタリウム機種／
(株)五藤光学研究所 GX-AT
(株)アストロアーツ STELLA DOME PRO

松本市教育文化センター

プラネタリウムの通常投映は、土・日・祝日の午前11時、午後2回です。お子様に人気のキャラクター番組や科学学習番組の投映のほかに、その日の星空の解説もあります。ちなみに、ドラマ『白線流し』では、主演の2人が初めてのデートでプラネタリウムを楽しむシーンのロケにも使われました。

松本市教育文化センターには、プラネタリウムのほかにも科学展示室や屋上の天体観測室、視聴覚ホールなどがあります。太陽や星空の観測会、お子様向けの上映会なども無料でおこなっています。詳しくは、当館ホームページをご覧ください。

お子様は無料です。宇宙が好きなみんな、ぜひ来てね！

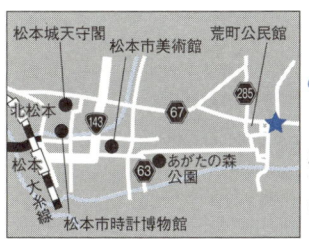

ドーム直径／12m（水平型）
座席数／90席（一方向型）
プラネタリウム機種／
コニカミノルタプラネタリウム(株)
SUPER MEDIAGLOBE

DATA
- ：松本市教育文化センター
- ：長野県松本市里山辺2930-1　TEL 0263-32-7600
- ：9:00～17:00
- ：月曜日（祝日の場合は翌日）、年末年始
- ：高校生以上：510円・小中学生：無料・幼児：無料
- ：【JR大糸線】松本駅よりバスで「里山辺出張所前」下車、徒歩1分
- ：あり（60台）無料

https://www.city.matsumoto.nagano.jp/sisetu/kyoiku/syakaikyoiku/kyouikubunkasenta.html

八ヶ岳自然文化園

標高1300m、八ヶ岳の西麓に自然とスポーツとのふれあいをテーマに造られた多目的レジャー施設。

あざやかな白樺が立ち並ぶ広大な敷地には、サマースキー場、パターゴルフ場、アスレチック、おもしろ自転車乗り場があるほか、遠く北アルプスなどを望めるレストランも併設。さらに科学館には13mドームのプラネタリウムがあり、季節の星空紹介や映像番組を1時間おきに上映しています。

また、季節に合わせ開催の星空観望会では、"天然プラネタリウム"ともいえる数えきれないほどの星々や天の川に感動。

毎年8月上旬の3日間は
原村星まつり開催！

DATA
- 八ヶ岳自然文化園
- 長野県諏訪郡原村17217-1613
  TEL 0266-74-2681
- 9:00～17:00（夏期は9:00～18:00）
- 火曜（祝日の翌平日）、年末年始、夏期は無休
- 高校生以上：800円・小中学生：500円・幼児：無料
- 【JR中央本線】茅野駅より車で20分／【中央自動車道】諏訪南ICより15分
- あり（300台）無料
- http://yatsugatake-ncp.com/

ドーム直径／13m（水平型）
座席数／120席（一方向型）
プラネタリウム機種／
（株）五藤光学研究所 GX-AT

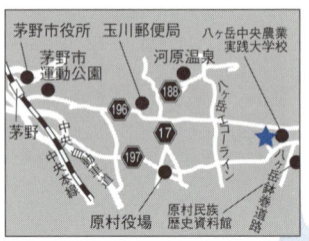

長野県伊那文化会館

プラネタリウムのほか、大小ホール、美術展示ホールを有する複合施設です。オペラ、オーケストラ、演劇、合唱、伝統芸能や、絵画、書などの文化芸術的催しが開催されるため、さまざまなジャンルに触れることができる場となっています。

当館が設置されている春日城址公園は、伊那谷を眺める高台にあり、美しい南アルプスを望むことができます。また、春は桜の名所となります。

プラネタリウムは、光学式の星空でおこなうスタッフによる時節に合わせた星空解説（ライブ）と、大迫力の映像番組を楽しめます。

アルプスに囲まれた自然豊かな
伊那谷へおいでなんしょ。

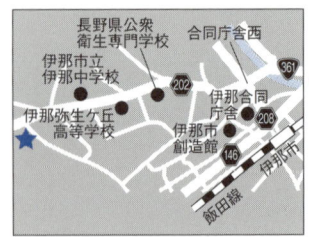

ドーム直径／12m（水平型）
座席数／100席（一方向型）
プラネタリウム機種／
（株）五藤光学研究所 GX-AT
（株）リブラ HAKONIWA 2

DATA
- 長野県伊那文化会館
- 長野県伊那市西町5776（春日公園内）
  TEL 0265-73-8822
- 9:00～17:00（ホールの夜間利用がある場合は終了時まで）
- 月曜日（祝日の場合は開館）・年末年始
- 高校生以上：240円・小中学生：100円・幼児：無料
- 【JR飯田線】伊那市駅より徒歩20分、または車で5分
- あり（590台）無料
- http://inabun.or.jp/

飯田市美術博物館

飯田市美術博物館は飯田城二の丸跡にたつ、信州・伊那谷の自然と文化をテーマにした総合的な博物館です。飯田出身の日本画家・菱田春草の作品を多数所蔵、展示しているほか、自然や民俗芸能などに関する展示をしています。

プラネタリウムでは、星空解説、アニメーション番組のほかに、伊那谷の自然や文化をご紹介する当館のオリジナル番組を投影しています。オリジナル番組は、遠山郷の霜月祭、伝統人形浄瑠璃芝居、名勝天龍峡、一本桜の名木、りんご並木、御池山隕石クレーターなど、飯田・下伊那地域の魅力をお伝えするプラネタリウム番組です。

伊那谷ならではの豊かな自然や伝統文化を味わえます。

DATA
- 飯田市美術博物館（美博）
- 長野県飯田市追手町2-655-7
  TEL 0265-22-8118
- 9:30～17:00（入館受付は16:30まで）
- 月曜日（祝日の場合は翌日）、年末年始
- 大人：250円・高校生：150円・小中学生：50円・幼児：無料（座席利用の場合50円）
- 【JR飯田線】飯田駅より徒歩20分／【中央自動車道】飯田ICより車で15分
- あり（70台）無料
- http://www.iida-museum.org/

ドーム直径／12m（水平型）
座席数／90席（一方向型）
プラネタリウム機種／
コニカミノルタプラネタリウム（株）
SUPER MEDIAGLOBE-Ⅱ

藤橋城・西美濃プラネタリウム

お城の形をした珍しいプラネタリウム。1階のプラネタリウムでは直径9mのドームスクリーンにメガスターⅡBによる精緻な星像とステラドームプロフェッショナルによる大迫力のデジタル映像が投影されています。30分間の投映時間は全て専任職員による生解説です。2～4階には天文や旧藤橋村の歴史や文化の展示がされています。隣接する藤橋歴史民俗資料館には共通入場券で入場できます。同じく隣接する西美濃天文台では月1回程度、星を見る会が開催されています（要予約）。

お城の形をした珍しいプラネタリウム

ドーム直径／9m（水平型）
座席数／60席（同心円型）
プラネタリウム機種／
（株）大平技研 MEGASTAR-ⅡB
（株）アストロアーツ STELLA DOME PRO
（有）天窓工房 トリビュー2000

DATA
- 藤橋城・西美濃プラネタリウム（西美濃プラネタリウム）
- 岐阜県揖斐郡揖斐川町鶴見332-1
  TEL 0584-52-2611
- 10:00～16:30
- 月・火曜日（祝日と重なる場合はその日を除く週初めの平日2日）、12～3月（冬期休館）
- 高校生以上：500円・小中学生：250円・4歳以上：100円（入館料込み）
- 【養老鉄道】揖斐駅より車で40分
- あり（50台）無料
- http://www1.town.ibigawa.lg.jp/cms/
  「藤橋城」でサイト内検索

各務原市少年自然の家
かかみがはら

各務原市少年自然の家は、自然の恵まれた国定公園の一角にあり、南には木曽川の清流、西には小高い伊木山があります。また、周辺には弥生時代の住居跡や古墳、神社など数多くの史跡も点在しています。このような豊かな自然環境、歴史環境の中に1980年に設立された野外教育施設で、プラネタリウムや天文台が付属施設として設置されています。プラネタリウムは少年自然の家利用者への投影が中心ですが、一般公開もおこなっています。
プログラムは学習投影、一般投影、幼稚園投影から希望に合わせて投影しています。一般投影は2カ月ごとに内容を変えています。ぜひ一度お越し下さい。

生解説で、星空クイズなどを取り入れ楽しく投影しています。

DATA
- 各務原市少年自然の家
- 岐阜県各務原市鵜沼小伊木町4-213　TEL 058-370-5280
- 8:30～17:15
- 月曜日、祝日、年末年始
- 市内見学者：100円・市外見学者：200円
- 【名鉄各務原線】鵜沼宿駅より徒歩20分
- あり(30台)無料
- http://www.city.kakamigahara.lg.jp/

ドーム直径／16m(水平型)
座席数／230席(一方向型)
プラネタリウム機種／
(株)五藤光学研究所 GMⅡ

岐阜市科学館

当館では、前半に星空生解説、後半に番組投映という構成で、キッズタイム・一般投映・星空タイムの投映をおこなっています。キッズタイムでは、お子様向けの解説と番組で、小さなお子様にも星空を楽しんでいただきます。一般投映は季節ごとに科学的な番組や人気キャラクターのでる番組など様々な番組をご用意しています。星空タイムはオール生解説の投映です。解説員それぞれの個性ある星空生解説と幅広い年齢層に対応した番組を岐阜市科学館でお楽しみください。

生解説も番組も両方欲しい！という方におススメです。

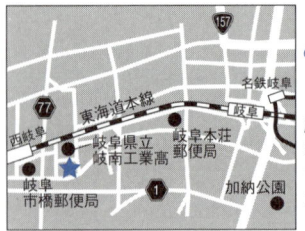

ドーム直径／20m(傾斜型20度)
座席数／221席(傾斜)
※車いす用スペース3席あり
プラネタリウム機種／
コニカミノルタプラネタリウム(株)
INFINIUM 21D

DATA
- 岐阜市科学館
- 岐阜県岐阜市本荘3456-41　TEL 058-272-1333
- 9:30～17:30(入館は17:00まで)
- 月曜日(祝日の場合は翌日)、国民の祝日の翌日、年末年始
- 高校生以上：610円・小中学生：200円・3歳以上：200円(入館料込み)
- 【JR東海道本線】西岐阜駅より徒歩約15分
- あり(普通車51台、大型車9台)無料
- http://www.city.gifu.lg.jp/8307.htm

大垣市スイトピアセンター　コスモドーム

大垣市スイトピアセンターは、文化会館、学習館、図書館からなる複合施設で、施設内の「こどもサイエンスプラザ」「水のパビリオン」とともに科学体験ができるような学習投影をしています。

「コスモドーム」は季節ごとのプラネタリウム番組の投影、天体に興味がもてるような学習投影をしています。

また、音楽や映像によるプラネタライブ、天体トークなど、プラネタリウムの雰囲気をお楽しみいただく多彩な企画も開催しています。

スライドと光学式で投影されるプラネタリウムです。

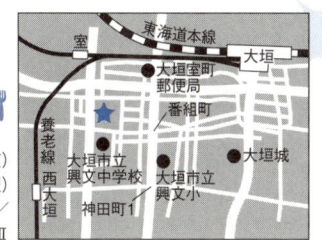

DATA
- 大垣市スイトピアセンター　コスモドーム
- 岐阜県大垣市室本町5-51　TEL 0584-82-2310
- 9:00～17:00
- 火曜日(祝日の場合は翌日)、祝日の翌日(その日が日・火曜日の場合は翌日、その日が月・土曜日の場合は翌々日)、12/29～1/3
- 大人：500円・高校生以下：無料
- 【JR東海道本線】大垣駅より徒歩15分／【養老鉄道】室駅より徒歩5分
- あり(普通車475台、大型車3台)有料　※要問い合わせ

http://www.og-bunka.or.jp/

ドーム直径／18m(傾斜型25度)
座席数／150席(一方向型)
プラネタリウム機種／
(株)五藤光学研究所 GSS-Ⅱ

静岡県立朝霧野外活動センター

富士山西麓の朝霧高原にある静岡県立の青少年教育施設です。プラネタリウムのほかキャンプ場やアイススケート場を備えており、少年団体、小中学生および大学など、県内外の様々な団体の研修会場として、1年を通じて利用いただいています。

天気の良い日には本物の満天の星空の下、天体観測をすることもできます。

本所のプラネタリウムでは施設開放事業として、毎月第3日曜日に「プラネタリウム一般開放」を開催しています。鑑賞を希望する方は直接センターまでお問い合わせください。

ライブ解説で楽しくわかりやすく星空をご案内します。

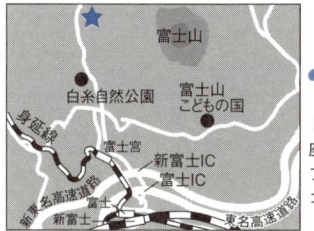

ドーム直径／11m(水平型)
座席数／100席(扇型)
プラネタリウム機種／
コニカミノルタプラネタリウム(株)
COSMOLEAP 10

DATA
- 静岡県立朝霧野外活動センター
- 静岡県富士宮市根原1　TEL 0544-52-0321
- 8:30～17:30
- 月曜日、年末年始
- 大人：720円・高校生：410円・小中学生：100円・幼児：100円　※一般開放(第3日曜日)：500円
- 【JR身延線】富士宮駅よりバスで「朝霧高原」下車、徒歩30分
- あり(70台)無料

http://asagiri.camping.or.jp/

三島市立箱根の里

三島市立箱根の里は、北西には富士山を望むことができ、箱根西麓の豊かな自然の中に設置された三島市の社会教育施設です。子どもたちの遊び内容の変化により自然とふれあう機会の不足など、自然体験学習の機会が少ないという現状になっています。このため多くの団体や親子などが気軽に訪れ自然観察などでこの施設を利用して頂ければと考えています。1987年開所当時に設置されたプラネタリウムは、アナログ式になります。個人の利用は一般公開で、団体利用も事前予約が必要になります。ホームページまたは直接電話にてお問い合わせください。

プラネタリウムの鑑賞と自然観察が楽しめます。

DATA
- 三島市立箱根の里（箱根の里）
- 静岡県三島市字北原菅4710-1 TEL 055-985-2131
- 8:15～17:00
- 月曜日（祝日の場合は翌日）、12/28～1/3 ※繁忙期間は開館
- 三島市内：50円・三島市外：100円
- 【JR東海道本線】三島駅よりバスで「見晴学園前」下車、徒歩40分
- あり（普通車54台、バス10台）無料
- http://www.city.mishima.shizuoka.jp/hakonenosato/

ドーム直径／8.5m（水平型）
座席数／81席（一方向型）
※車いすおよびベビーカーは運搬が可能であれば入館可
プラネタリウム機種／
（株）五藤光学研究所 GS-T

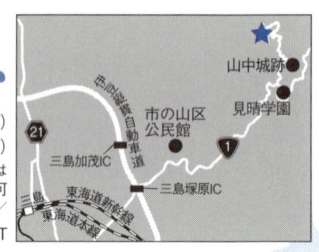

公益財団法人 国際文化交友会　月光天文台

プラネタリウム館は2014年7月7日に、米デジタリス社製デジタル式プラネタリウムに入れ替えをし、リニューアルオープンしました。これによって、迫力の全天周映像をご覧いただけるようになりました。ホームページ上にて、番組のご案内をしております。

全50分程の投影で、季節ごとに入れ替わるテーマ番組と、毎月の星空案内を行っています。

オペレーターによる生解説により、時々の天文現象を交えながら、お子様にもわかりやすい解説を心がけています。

春には桜、冬は雪化粧した富士山もご覧いただけます。

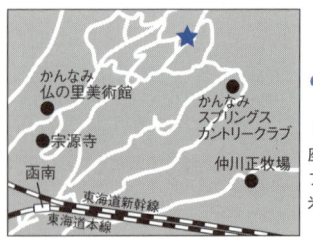

ドーム直径／11m（水平型）
座席数／79席（一方向型）
プラネタリウム機種／
米デジタリス社製
　デジタリウム　カッパー

DATA
- 公益財団法人 国際文化交友会　月光天文台（月光天文台）
- 静岡県田方郡函南町桑原1308-222 TEL 055-979-1428
- 9:00～17:00
- 木曜日（祝日の場合は翌日）、年末年始
- 高校生以上：900円・小中学生：500円・小学生未満：200円（入館料込み、プラネタリウムには4歳未満の入場不可）
- 【JR東海道本線】函南駅より車で7分
- あり（50台）無料
- http://www.gekkou.or.jp/

全国プラネタリウムガイド　84

岩崎一彰・宇宙美術館

宇宙画の第一人者 岩崎賀都彰の写真と見間違えるほど超細密に描かれた原画を展示している私設美術館です。

1階・常設展示室は代表作である惑星を描いた作品を展示、2階・企画展示室はテーマごとに原画を展示、地階・プラネタリウムは季節ごとに星空と動画を上映しています。一番人気の屋上天文台では65cm反射望遠鏡で来館者の皆様に本物の星を直接見ていただく感動の宇宙体験施設です。

平日の来館者に限っての特典として、ご希望の日の星空を上映することや、ペットと一緒にご覧になることもできますのでお気軽にスタッフにお問い合わせ下さい。

星のきれいな伊豆高原で本物の宇宙原画と本物の星をぜひご覧ください。

DATA
- 岩崎一彰・宇宙美術館
- 静岡県伊東市大室高原9-638 TEL 0557-51-9600
- 10:00～22:00（平日17:00まで・土日22:00まで）
- 火、水曜日
- 高校生以上：900円・小中学生：500円・幼児：無料 プラネタリウム料金600円・入館者は300円
- 【伊豆急行】伊豆高原駅よりバスで「理想郷」下車、徒歩すぐ
- あり（30台）無料
- http://www2.wbs.ne.jp/~kisag/

ドーム直径／4m（水平型）
座席数／20席（移動式）
プラネタリウム機種／
コニカミノルタプラネタリウム（株）
MEDIAGLOBE

富士市道の駅　富士川楽座　プラネタリウムわいわい劇場

当プラネタリウムは、日本で唯一「道の駅」の施設内にあり、高速道路のSAとも直結しているため、車でのアクセスに便利です。

上映は火曜日を除き、30分ごとに平日でも10回前後投影しており、時間を気にせずにお楽しみいただけます。投影機は最高水準の性能を誇る光学式投影機「MEGASTAR-ⅡB」を採用。投影される番組は季節ごとにかわり、ほとんどが富士川楽座オリジナルの作品なので、ここでしか楽しめない番組、そして美しい満天の星がお楽しみいただけます。

いつでも気軽に立ち寄れる、ぷらっとプラネタリウムです。

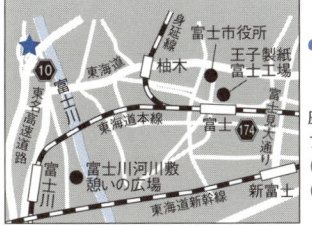

ドーム直径／14m（傾斜型）
座席数／72席（一方向型）
プラネタリウム機種／
(有)太平技研 MEGASTAR-ⅡB
(株)アストロアーツ
STELLA DOME PRO

DATA
- 富士市道の駅 富士川楽座　プラネタリウムわいわい劇場（富士川楽座 わいわい劇場）
- 静岡県富士市岩淵1488-1 TEL 0545-81-5555
- 全館8:00～21:00、プラネタリウム：土日祝9:30～17:00、平日10:00～16:00　※レイトショーは不定期
- 全館：無休、プラネタリウム：火曜日
- 中学生以上：600円・3歳以上：300円
- 【JR東海道本線】富士川駅より車で10分／【東名高速道路】富士川SA（上り）連結
- あり（300台）無料
- http://www.fujikawarakuza.co.jp/

ディスカバリーパーク焼津天文科学館

焼津市出身の世界的望遠鏡製作者、故・法月惣次郎氏による口径80cm天体望遠鏡を設置する天文科学館。日本で初めて光学・デジタル統合型のGEMINISTARを導入したプラネタリウムは、2010年3月GEMINISTARⅢYA IZUへリニューアルしました。星の明るさや色の違いを正しく再現、天の川も一つひとつの星として投影する光学式の星空と、地球を飛び出し太陽系や銀河系をめぐる宇宙の旅を大迫力の映像で体験できます。解説員の語りによる「プラネタリウム番組」や大迫力映像を投影する「CGドームシアター」など、1日に種類の違う番組を投影しています。

大型望遠鏡とプラネタリウムで大迫力の宇宙体験。

DATA
- ディスカバリーパーク焼津天文科学館
- 静岡県焼津市田尻2968-1 TEL 054-625-0800
- 平日：9:00～17:00、土日祝：10:00～19:00
- 月曜日（祝休日の場合は翌日）、年末年始
- 大人（16歳以上）：600円・子ども（4～15歳）：200円
- 【JR東海道本線】焼津駅よりバスで「横須賀ディスカバリーパーク」下車、徒歩1分
- あり（280台）無料
- http://www.discoverypark.jp/

ドーム直径／18m（傾斜型15度）
座席数／180席（一方向型）
プラネタリウム機種／コニカミノルタプラネタリウム（株）
INFINIUM γⅡ／SKYMAX DSⅡ-R2

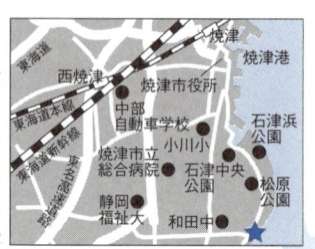

浜松科学館

浜松科学館は、青少年の「科学する心」を育む場として、1986年5月に開館しました。200人を収容できるプラネタリウムをはじめとして、子どもから大人まで手に触れ楽しめる体験型の展示を備え、科学技術への好奇心を呼び起こします。2014年3月にデジタル式プラネタリウムを最新システムに更新、より鮮明で美しい映像をお楽しみいただけるようになりました。
土曜日・日曜日にはサイエンスショーやミニ実験、ミクロ観察などの参加型イベントも開催しています。

最新鋭の機器で、美麗な映像をお楽しみいただけます。

ドーム直径／20m（傾斜）
座席数／200席（一方向型）
プラネタリウム機種／コニカミノルタプラネタリウム（株）
INFINIUM S／SKYMAX DSⅡ-R2

DATA
- 浜松科学館
- 静岡県浜松市中区北寺島町256-3 TEL 053-454-0178
- 9:30～17:00（入場は16:30まで）、9:30～18:00（7/20～8/31・入場は17:30まで）
- 月曜日（祝日の場合は翌日）、祝日の翌日、年末年始
- 大人：900円・高校生：500円・小中学生：100円・幼児：100円（入館料込み）
- 【JR東海道本線】浜松駅より徒歩約7分
- なし（団体バス駐車場あり：バス4台）
- http://www.hamamatsu-kagakukan.jp/

全国プラネタリウムガイド　86

スターフォーレスト御園

星ふる里のプラネタリウムと
天文台で感動の星空体験

全国でも珍しい宿泊型の公開天文台。職員の生解説によるプラネタリウムで今夜のおすすめの星の話を聞いた後は、本物の天体を口径60cm反射望遠鏡で観望しましょう。"星ふる里"東栄町は街明かりが少なく、また夜間に敷地内に入れるのは宿泊利用者のみなので、一晩中安心して満天の星空を堪能できます。天体望遠鏡や双眼鏡の貸出もあり、初心者向けから天文マニア向けまで、宇宙を楽しむ機材が揃っています。天体写真の撮影もおすすめです。プラネタリウムのみ日帰り利用も可能。利用のご予約・お問い合わせはお電話で。

DATA
- スターフォーレスト御園
  （東栄町森林体験交流センター）
- 愛知県北設楽郡東栄町大字御園字野地91-1
  TEL 0536-76-0687
- 9:00～17:00（日帰り利用） ※レイトショーは宿泊のみ
- 水曜日（G.W.・春・夏・冬休みの期間を除く）、12/29～1/3
- 高校生以上：320円・小中学生：320円・幼児：無料
- 【JR飯田線】東栄駅よりバスで60分
- あり（22台）無料
- http://www.town.toei.aichi.jp/koukyou/?p=1548

ドーム直径／6.5m（水平型）
座席数／40席（同心円型）
※食事施設は宿泊者のみ
プラネタリウム機種／
コニカミノルタプラネタリウム（株）
MS-6

豊橋市視聴覚教育センター

光学式4000万個の星空と解説、
様々な番組をどうぞ。

2014年に40周年を迎えた豊橋市視聴覚教育センターのプラネタリウムは三代目、ハイブリッド型です。光学式4000万個の美しい星空と、デジタルによるバーチャルツアーや旬の天文解説、様々な全天周番組をお楽しみいただけます。月に1度の学芸員おまかせ投映は、天文ファンの方にも好評です（開催日はお問い合わせください）。また、年間300回を超える実験ショーやミニ工作教室が開催されており、様々な体験型展示物と合わせ、週末には家族連れ、平日には学校団体などで賑わっています。隣には地下資源館が併設されており、世界の鉱物などもご覧いただけます。

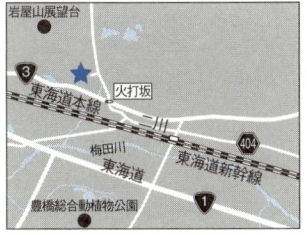

DATA
- 豊橋市視聴覚教育センター
- 愛知県豊橋市大岩町字火打坂19-16
  TEL 0532-41-3330
- 9:00～16:30
- 月曜日（祝日の場合は翌日）
- 高校生以上：300円・小中学生：100円・幼児：大人1名につき1名無料
- 【JR東海道本線】二川駅北口より徒歩12分
- あり（60台）無料
- http://www.toyohaku.gr.jp/chika/

ドーム直径／15m（水平型）
座席数／169席（一方向型）
プラネタリウム機種／
（株）五藤光学研究所 PANDORA／
VIRTUARIUM II Release 4

豊川市ジオスペース館

インフィニウムγⅡを採用したプラネタリウムは、惑星投影機とともに約9000個の星がまたたく夜空を再現します。上映は、その日の夜に見える星空の生解説、ドーム全体に映し出される星空の下に輝くオーロラ番組とプラネタリウム番組の3本立てで、約1時間。プラネタリウムドーム入口前には展示コーナーがあり、星空や宇宙などの科学知識を映像で学べます。また、併設する図書館には宇宙関係の本を集めたコーナーもあり、さらに知識を深めていただくことができます。

星空の下に輝くオーロラをお楽しみください。

DATA
- 豊川市ジオスペース館
- 愛知県豊川市諏訪1-63
  TEL 0533-85-5536
- 9:30～18:00（金曜日は祝日を除き19:00まで、夏期（6～9月）の祝日を除く火～金曜日は19:00まで）
- 月曜日、祝日の翌日、12/29～1/4、毎月第3水曜日
- 高校生以上：310円・小中学生：100円・幼児：100円・65歳以上：150円
- 【名鉄豊川線】諏訪町駅より徒歩10分
- あり（120台）無料
- http://libweb.lib.city.toyokawa.aichi.jp/

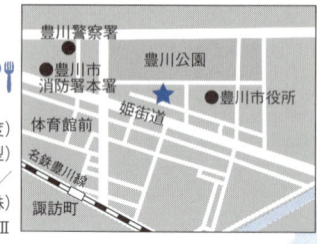

ドーム直径／15.2m（傾斜型10度）
座席数／137席（一方向型）
プラネタリウム機種／
コニカミノルタプラネタリウム（株）
INFINIUM γⅡ

とよた科学体験館

26万5000個もの星ひとつひとつまで再現できる、リアルで美しい星空に癒されます。満天の星のもと、職員の生解説による当日の星空案内も楽しめます。当日の星空解説に加え、話題の天文現象など、月ごとのテーマに沿った内容でお送りする「星空散歩」のほか、年齢層に合わせたさまざまな番組を投映しています。どなたでも気軽に星空や宇宙に親しむことができます。また、ドーム全体に広がるデジタル映像では、まるで宇宙旅行をしているかのような臨場感を味わうことができます。

子どもから大人まで楽しめる
多彩なプログラムが魅力。

DATA
- とよた科学体験館
- 愛知県豊田市小坂本町1-25
  TEL 0565-37-3007
- 9:00～17:00
- 月曜日（祝日・振替休日の場合は開館）、年末年始
- 大人：300円・4歳～高校生：100円
- 【名鉄】豊田市駅より徒歩5分
- あり（280台）有料 ※要問い合わせ
- http://www.toyota-kagakutaikenkan.jp/

ドーム直径／19.5m（傾斜型15度）
座席数／160席（一方向U字型）
プラネタリウム機種／
コニカミノルタプラネタリウム（株）
INFINIUM S／SKYMAX DSⅡ-R2

安城市文化センター

名古屋駅から22分。愛知県の西三河に位置する安城市。JR安城駅から徒歩10分、安城市文化センターの2階にあるプラネタリウムでは、土日祝日は10時30分のキッズ投映と、13時30分、15時の一般投映、平日は要予約の団体投映、そのほか季節に合わせた特別投映をおこなっております。キッズ投映ではお子様向けの番組、一般投映では番組と星空の生解説、特別投映では生演奏やアロマの香りをお楽しみください。観覧料は大人50円、中学生以下無料（イベントにより異なる場合がございます）。満天の星空を安城の街なかで見上げてみませんか？

アットホームな今日の
星空生解説をお楽しみください。

DATA
- 安城市文化センター（安城市中央公民館）
- 愛知県安城市桜町17-11　TEL 0566-76-1515
- 9:00〜21:00
- 月曜日（休日を除く）、年末年始
- 高校生以上：50円・中学生以下：無料
- 【JR東海道本線】安城駅より徒歩10分
- あり（65台）無料
- http://www.city.anjo.aichi.jp/

ドーム直径／15m（水平型）
座席数／185席（扇型）
プラネタリウム機種／
（株）五藤光学研究所 GMⅡ-AT
（株）リブラ HAKONIWA

夢と学びの科学体験館

2015年5月にオープンした「夢と学びの科学体験館」は、最新型ハイブリッドプラネタリウムを備えた施設として生まれ変わりました。

高輝度LED光源で、およそ1000万個の星を映し出し、限りなく本物に近い美しい自然な星空を再現することができます。また、大迫力の全天周デジタル映像は、まるで宇宙空間に浮かんでいるかのように星が目の前に迫ってきます。

さらに、電子顕微鏡が操作体験できる実験ラボも備え、ミクロの世界から宇宙まで体験できます。

ミクロの世界から宇宙まで
まるごと体験！

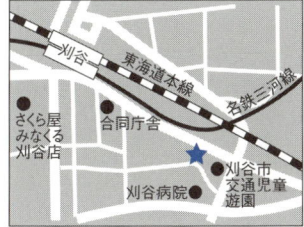

ドーム直径／15m（水平型）
座席数／133席（一方向型）
プラネタリウム機種／
（株）五藤光学研究所　CHRONOSⅡ／
VIRTUARIUMⅡ

DATA
- 夢と学びの科学体験館（はばたき）
- 愛知県刈谷市神田町1-39-3　TEL 0566-24-0311
- 9:00〜17:00
- 水曜日（祝日の場合は翌日）
- 大人：300円・高校生以下：100円・3歳以下：無料
- 【JR東海道本線】【名鉄】刈谷駅より徒歩8分
- あり（134台）無料
- http://www.city.kariya.lg.jp/yumemana/index.html

半田空の科学館

2015年11月に開設30周年を迎える知多半島唯一のプラネタリウムを持つ科学館です。1階には地球関連の展示物を展示しています。今年は30周年を記念する様々な特別イベントを開催。プラネタリウムでは半田空の科学館オリジナルプログラムの投影をおこなっています。2階の特別展示室では定期的にテーマを設けた特別展を開催しているほか、土日にはお子様から大人の方まで楽しめる様々な天文関連の工作教室も開催しています。また屋上天体観測室には大小5台の望遠鏡を設置。月に1度、星見会も開催されているほか、夏と冬に1度ずつ、館前の駐車場に望遠鏡を並べて星空を解説する、無料の大観望会も開催しています。

投影時間によって内容が変更。
お子様から大人の方まで
楽しめるプラネタリウム。

DATA
- 半田空の科学館
- 愛知県半田市桐ヶ丘4-210
  TEL 0569-23-7175
- 9:00～17:00
- 月曜日、祝日の翌日（11～3月の間）、年末年始
- 高校生以上：210円・小中学生：100円・幼児：無料
- 【名鉄】知多半田駅より徒歩15分
- あり（62台）無料

http://www.sky-handa.com/

ドーム直径／18m（水平型）
座席数／240席（一方向型）
プラネタリウム機種／
コニカミノルタプラネタリウム（株）
MS-18

一宮地域文化広場

緑に囲まれた敷地内には、プラネタリウム館のほかに、広場、貸室、日本アスレチック協会監修のフィールドアスレチック、バーベキュー場、図書室などが併設されており、週末には多くのファミリーでにぎわっています。年に4回番組が入れ替わるプラネタリウムでは、季節の星を楽しむことができ、2014年の冬からスタートした自主制作番組では今夜の星空を生解説でお楽しみいただけます。また、毎月2日間、無料の天体観望会をおこなっており観望室にある口径40cmの大型望遠鏡で天体を観察できます。

リーズナブルな料金で
子どもから大人まで楽しめます。

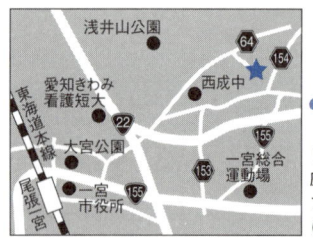

ドーム直径／18m（水平型）
座席数／275席（扇型）
プラネタリウム機種／
（株）五藤光学研究所 GMⅡ-AT

DATA
- 一宮地域文化広場
- 愛知県一宮市時之島字玉振1-1
  TEL 0586-51-2180
- 9:00～16:30
- 月曜日（月曜が祝休日の場合は、その翌日以降最も早い平日）、年末年始
- 大人：60円・小人（1歳以上中学生以下）：30円
- 【名鉄】名鉄一宮駅よりバスで「春明」下車、徒歩5分
- あり（普通車129台、大型バス6台）無料

http://www.hamada-sports.com/ichinomiya_chiikibunka/ichi/

全国プラネタリウムガイド 90

小牧中部公民館

小牧中部公民館は、小牧市児童センターや小牧商工会議所会館が併設された建物で、プラネタリウムは5階にあります。光学式プラネタリウムGX-ATで直径12mのドームに星を映し出すスタイルで1982年7月にオープンし、2014年度の入場者は2万人を超え、現在までにのべ45万人以上の皆さんにご覧いただいています。また、プラネタリウムでは季節の星空案内をご覧いただいたあとテーマ番組を楽しんでいただく一般投映のほか、星をみる会、天文講座、ミニコンサートなど各種イベントもおこなっています。

中学生以下の方は、土・日・祝日の観覧料が無料です。

DATA
- 小牧中部公民館
- 愛知県小牧市小牧5-253　TEL 0568-75-1861
- 9:00～21:30
- 月曜日(プラネタリウムは祝日・休日を除く)、12/29～1/3
- 高校生以上：100円・小中学生：100円(土日祝無料)・幼児：無料
- 【名鉄小牧線】小牧駅より徒歩10分
- あり(100台)無料
- http://www.ma.ccnw.ne.jp/komaki-planet/

ドーム直径／12m(水平型)
座席数／80席(一方向型)
プラネタリウム機種／
(株)五藤光学研究所　GX-AT

名古屋市科学館

1962年に開館した天文館、理工館、生命館からなる総合科学館です。2011年3月にリニューアルし、年間50万人以上の来場者を迎えています。内径35m、世界最大のプラネタリウムドーム「Brother Earth」には光学式とデジタル式の2つの投影機があり、光学式では限りなく本物に近い星空を目指し、肉眼で見ることのできる約9100個の星を投影します。デジタル式では、8Kの映像を映すことができ、過去や未来の星空はもちろん、最新の観測データに基づいた宇宙の姿を再現しています。

月替りの多彩なテーマと専門学芸員による生解説。

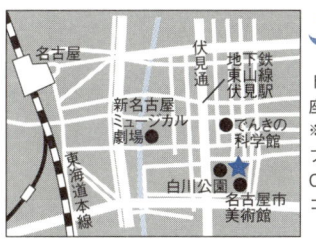

ドーム直径／35m(水平型)
座席数／350席(同心円型)
※ベビーカー：入口預かり
プラネタリウム機種／
Carl Zeiss　UNIVERSARIUM Ⅸ
コニカミノルタプラネタリウム(株)
SKYMAX DSⅡ-R2

DATA
- 名古屋市科学館
- 愛知県名古屋市中区栄2-17-1(芸術と科学の杜・白川公園内)　TEL 052-201-4486
- 9:30～17:00(入館は16:30まで)
- 月曜日(祝日の場合は直後の平日)、毎月第3金曜日(祝日の場合は第4曜日)、年末年始
- 大人：800円・高校大学生：500円・中学生以下：無料(展示室とプラネタリウム)
- 【地下鉄東山線・鶴舞線】伏見駅4・5番出口より徒歩5分
- なし ※車いす用4台、バスベイ(要予約あり)
- http://www.ncsm.city.nagoya.jp/

津島児童科学館

上映時間約60分中、生解説約30分、自動上映30分。生解説は星、星座の紹介や説明、古来のお話をギリシャ神話だけでなく、日本の和名やお伽噺でも説明しています。また、自動上映では児童向きの天文アニメーション番組を上映し親子で楽しめるようにしております。地域の学校の理科の天体学習などにおいては、星と月の特集を組み、1年間の星と月を1時間で解説しています。団体貸切などにおいては、内容など事前打ち合わせ（自動上映無しも可能です）して大人でも楽しめるプラネタリウムにしております。

解説者が3名在籍しており、曜日ごとに変わりいろいろな生解説が聞けます。

DATA
- 津島児童科学館
- 愛知県津島市南新開町2-74 TEL 0567-24-8743
- 9:00～17:00 ※プラネタリウム投影（水・金は団体のみ）
- 月曜日（祝日は営業）、年末年始
- 高校生以上：210円・小中学生：110円・幼児（満3歳未満）：無料
- 【名鉄】津島駅より車で15分
- あり（150台）無料
- http://www.tsushimapark.com/sciencekids.html

ドーム直径／12m（水平型）
座席数／98席（一方向型）
※ベビーカー：混雑時は入口預かり
プラネタリウム機種／
コニカミノルタプラネタリウム（株）
MS-10

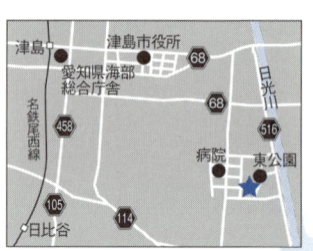

四日市市立博物館・プラネタリウム

四日市市立博物館のプラネタリウム《GINGA PORT 401》は、地上から見上げた星空だけでなく、宇宙から見た地球を眺めたり宇宙にある様々な天体まで出かけたりすることができる宇宙の港です。世界最新の光学式投映機と大迫力の全天周8Kデジタル投映機で臨場感ある星空を再現することで、あらゆる角度から宇宙を体感することができます。また、常設展示「時空街道」や併設する「四日市公害と環境未来館」の展示を通して、博物館全体で、過去の歴史や今の私たちのくらしを見つめ直し、未来を考えることのできる施設となっています。

当日の星空を職員の個性豊かな生解説でお楽しみ下さい。

ドーム直径／18.5m（傾斜型20度）
座席数／144席（一方向型）
※ベビーカー：入口預かり
プラネタリウム機種／
（株）五藤光学研究所
CHIRON 401／VIRTUARIUM Ⅱ

DATA
- 四日市市立博物館・プラネタリウム
- 三重県四日市市安島一丁目3-16 TEL 059-355-2700
- 9:30～17:00
- 月曜日（祝日の場合は翌平日）、年末年始
- 一般：540円・高・大生：380円・小・中生：210円
- 【近鉄】四日市駅より徒歩3分／【JR関西本線】四日市駅より徒歩20分
- なし
- http://www.city.yokkaichi.mie.jp/museum/museum.html

鈴鹿市文化会館

鈴鹿市文化会館の2階にあるプラネタリウムは一方配列・180席固定席リクライニングシートを設置しており、15mドームに四季折々の星空や星座にまつわる神話などを紹介しています。また、幼稚園・小学校・中学校の学習用としてもご利用いただけます。七夕やクリスマスなどには、オリジナルの特別番組を上映し、生演奏でのコンサートをおこなっています。

また、併設のプラネタリウムギャラリーでは天球儀・宇宙体重計・太陽運行儀などを展示しておりテレビガイドシステムによって、ボタン操作でテレビを通して、自然や天体などの自然科学に楽しくふれることができます。

アットホームな雰囲気が人気のプラネタリウムです。

DATA
- 鈴鹿市文化会館
- 三重県鈴鹿市飯野寺家町810　TEL 059-382-8111
- 10:30～　13:30～　15:00～　1日3回投映
- 月曜日および毎月第3火曜日（その日が「国民の祝日」の場合は、その翌日）
- 無料
- 【近鉄】鈴鹿市駅より車で4分
- あり（170台）無料
- http://www.city.suzuka.lg.jp/life/shisetsu/9202.html

ドーム直径／15m（水平型）
座席数／180席（一方向型）
プラネタリウム機種／
（株）五藤光学研究所 GMⅡ-SPACE

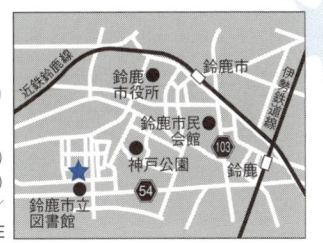

岡三デジタルドームシアター　神楽洞夢

当館は岡三証券グループの創業90周年記念事業の一つとして、創業の地、津市に建設されました。目的のひとつに地域貢献があります。市内小学4年生向け無料学習投影を中心に、地域の科学教育の一助になりたいと考えています。

投影では4Kプロジェクター5台を駆使し、14.4mのドームに7Kの解像度を実現しました。世界最高水準とのご評価を頂いています。

講演会やコンサートなど、新しい形のプレゼンテーション空間としての活用を目指しています。

最新の宇宙シミュレーターによる高精細映像です。

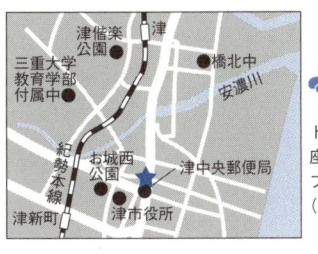

ドーム直径／14.4m（水平型）
座席数／80席（一方向型）
プラネタリウム機種／
（公財）日本科学技術振興財団
プレアデスシステム

DATA
- 岡三デジタルドームシアター　神楽洞夢（かぐらどうむ）
- 三重県津市中央5-20　TEL 059-221-3121
- 一般公開：毎週木曜日16:00
- 土・日・祝祭日
- 高校生以上：1000円・中学生以下：500円　※3歳以下入場不可
- 【近鉄・JR紀勢本線】津駅よりバスで「京口立町バス停下車口」下車、徒歩1分
- あり（30台）無料
- http://www.kagura-dome.jp/

三重県立みえこどもの城

いつ来ても何かが変化しているようなイベント運営・参加体験型の子どものあそび場（児童厚生施設）。三重県では最大規模の直径22mドームではプラネタリウム、ドームスクリーン映画を上映。また児童館施設では最高峰の高さ7mを誇るクライミングウォール（上履き持参）、そしてフランス生まれの"カプラ"などの遊具コーナー、さらに、アートクラフト、サイエンス工作など、子どもが体験できるさまざまなプログラムをご用意しています。

プラネタリウムスタッフによる生解説がお勧めです!!

DATA

- 三重県立みえこどもの城
- 三重県松阪市立野町1291　中部台運動公園内　TEL 0598-23-7735
- 9:30～17:00
- 月曜日（祝日の場合は翌日）、年末年始、臨時点検日
- 大人：400円・児童生徒等：200円・幼児（3歳以上）：100円（ドームシアター観覧料）
- 【JR・近鉄】松阪駅よりバスで「中部中学校口」下車、徒歩15分
- あり（670台）無料
- http://www.mie-cc.or.jp

ドーム直径／22m（傾斜型20度）
座席数／220席（一方向型）
プラネタリウム機種／
コニカミノルタプラネタリウム（株）
INFINIUM 21D
（株）五藤光学研究所 VIRTUARIUM II

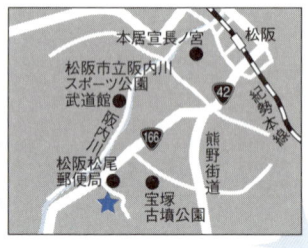

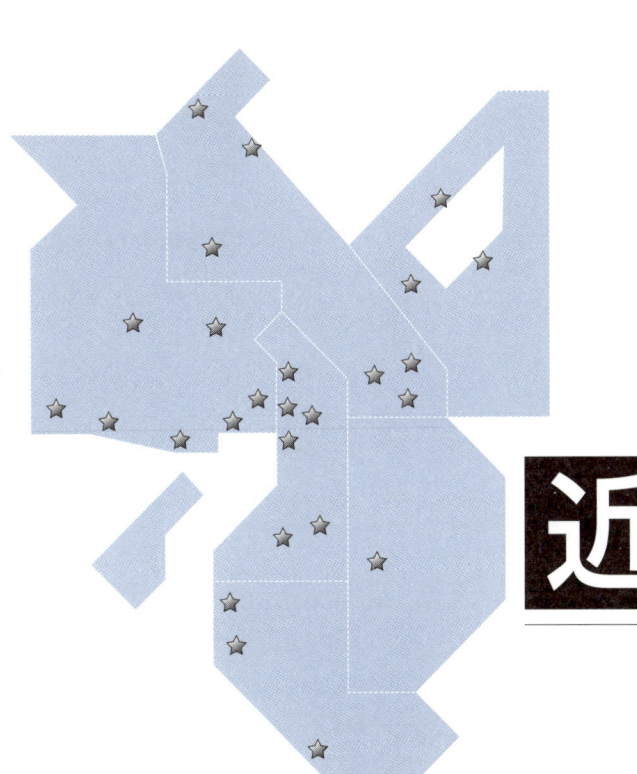

近畿

大津市比良げんき村天体観測施設

比良げんき村（野外活動施設）にある天体観測施設は1階にプラネタリウム室とDVD映写用の研究室、2階には星座などの観測用ベランダや貸出し用の望遠鏡（20台）の機具庫、3階には直径20cmの大型望遠鏡とドームが整備されています。プラネタリウムは床に寝転んで見ていただきます。解説は職員が直接その場で説明しますのでそれぞれの時節に合わせて解説をおこなっています。さらに、研修室スクリーンには大型望遠鏡で捉えた星座などが映し出せる設備も備わっており、星を総合的に楽しんでいただける施設です。

プラネタリウムは生解説、より楽しんでいただけます。

DATA
- 大津市比良げんき村天体観測施設
- 滋賀県大津市北小松1769-3　TEL 077-596-0710
- 8:30～17:00（夜の天体観測は21:00まで）
- 休：月曜日（祝日の場合は翌日：7/21～8/31を除く）、年末年始
- ¥：大人：520円・高校生：310円・小中学生：310円・幼児：100円
- 駅：【JR湖西線】北小松駅より徒歩15分
- あり（68台）無料
- http://genkimura.blog.eonet.jp/

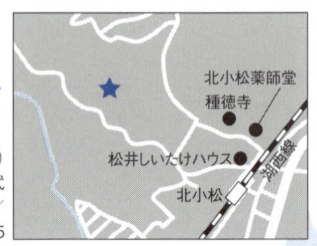

ドーム直径／5m（水平型）
座席数／寝ころび式
プラネタリウム機種／
（株）五藤光学研究所 E-5

総合リゾートホテル ラフォーレ琵琶湖「デジタルスタードーム ほたる」

総合リゾートホテルラフォーレ琵琶湖に併設された「デジタルスタードームほたる」は、爆笑プラネタリウム解説でおなじみ「星のお兄さん」の本拠地です。

毎週土曜日20時から開催の「星のお兄さんスターライトライブ」は年代を問わず楽しんで頂けるエンターテインメントショー！必見です。ほかにも迫力映像がドームいっぱいに広がるプラネタリウムプログラム、アーティストによるライブイベント、"しゃべるオリジナルマスコット"「びわっちくん」による楽しい星座解説プログラムなども開催しています。

星のお兄さんやびわっちくんによる爆笑星座解説

ドーム直径／18m（傾斜15度）
座席数／166席（一方向型）
※ベビーカー：入口預かり
プラネタリウム機種／
コニカミノルタプラネタリウム（株）
INFINIUM 21D／SKY MAX

DATA
- 総合リゾートホテル ラフォーレ琵琶湖「デジタルスタードーム ほたる」
- 滋賀県守山市今浜町十軒家2876　TEL 077-584-2180
- 10:00～
- 休：なし
- ¥：中学生以上：900円・4歳～小学生：600円
- 駅：【JR湖西線】堅田駅より路線バスで15分
- あり（200台）無料
- http://www.laforet.co.jp/lfhotels/biw/hotaru/index.html

全国プラネタリウムガイド　96

大津市科学館

プラネタリウムでは、それぞれの解説員の生の声での個性あふれる星座解説がおこなわれています。また、大津市科学館と成安造形大学の協力で作られた、星座にまつわる神話などを紹介した「星座物語」のアニメーションもとても人気があります。星空や宇宙に関する話題について紹介する「天文話題」は2カ月ごとに新作が作られています。天文話題は子ども向け番組と一般番組の2種類があり、それぞれ違った番組が見られます。特別番組としてアニメーション番組も投影しています。

デジタル機による満天の星空と、全天周映像は魅力的。

DATA
- 大津市科学館
- 滋賀県大津市本丸町6-50 TEL 077-522-1907
- 展示ホール／9:00〜16:30 ※プラネタリウムは学校長期休業日と土・日・祝日に投影
- 月曜日（祝休日の場合は翌平日）、毎月第3日曜日、12/29〜1/3
- 大人：500円・小中高学生：300円・幼児：無料（入館料込み）
- 【京阪電鉄石坂線】膳所本町駅より徒歩7分／【JRびわ湖線】膳所駅より徒歩20分
- あり（97台）無料
- http://www.otsu.ed.jp/kagaku/

ドーム直径／12m（水平型）
座席数／95席（一方向型）
プラネタリウム機種／
コニカミノルタプラネタリウム（株）
SUPER MEDIAGLOBE-Ⅱ

京都市青少年科学センター

プラネタリウムでは、開館当初より生解説・番組自主制作を基本として星空・宇宙をご案内しています。通常の番組は、季節ごとにテーマが変わる「一般投映」、小さなお子様向けに星のおはなしを紹介する「ちびっこプラネタリウム」があります。また、特別投映番組として、特定の星座についてくわしく紹介する「星座探訪」や大人向けに落ち着いた音楽と語りで星空の魅力を味わっていただける「大人のための星空めぐり」、4人の解説者がリレーして星空を語る2時間のロングバージョン「プラネタリウム駅伝」も実施しています。

番組自主制作、生解説の個性的なプラネタリウム

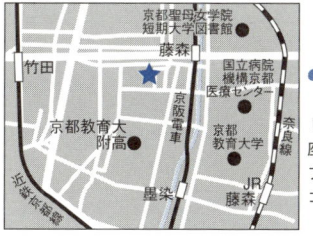

ドーム直径／10m（水平型）
座席数／203席（馬蹄型）
プラネタリウム機種／
コニカミノルタプラネタリウム（株）
INFINIUM γⅡ-kyoto

DATA
- 京都市青少年科学センター
- 京都府京都市伏見区深草池ノ内町13 TEL 075-642-1601
- 9:00〜17:00（入館は16:30まで）
- 木曜日（祝日の場合は翌日）、年末年始
- 大人：1020円・高校生：400円・小中学生：200円・幼児：無料（入館料込み）
- 【京阪本線】藤森駅より徒歩4分／【近鉄京都線・地下鉄烏丸線】竹田駅より徒歩15分
- あり（30台）無料
- http://www.edu.city.kyoto.jp/science/

向日市天文館

向日市天文館（むこうしてんもんかん）は、小さいながらもプラネタリウムと天体観測室を備えた施設です。

プラネタリウムでは、ドームいっぱいに広がる星空と全天周映像番組をお楽しみいただけます。番組は、大人向きやこども向きなど色々なものを順次投影しています。

また、天体観測室には口径40cm反射望遠鏡を備え、そのほかの望遠鏡とともに天体観望会で様々な天体を見ることができます。

そのほかにも各種行事を開催していますので、ぜひ一度おでかけください。

毎月第2土曜日には
天体観望会を開催しています。

DATA
- 向日市天文館
- 京都府向日市向日町南山82-1 TEL 075-935-3800
- 9:30～17:30（入館は17:00まで）
- 休：月曜日・火曜日、国民の祝日・休日、12/27～1/4
- 高校生以上：200円・小中学生：100円・幼児：無料
- 駅【阪急京都線】西向日駅より徒歩15分／【JR京都線】向日町駅より徒歩30分
- なし
- http://www.city.muko.kyoto.jp/tenmonkan/public_html/index.html

ドーム直径／10m（水平型）
座席数／80席（一方向型）
プラネタリウム機種／
コニカミノルタプラネタリウム（株）
MEDIAGLOBE-Ⅲ

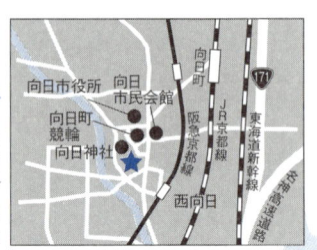

文化パルク城陽プラネタリウム

文化パルク城陽は、複合文化施設です。1300名を収容できる大ホール（プラムホール）のほかに、中ホールや大中小の会議室があります。さらに市立図書館、コミュニティーセンター、歴史民俗資料館、プレイルームがあり、食事のできるレストランや売店もあります。プラネタリウムは4階にあります。投映は、土・日、祝日、学校休業期間に1日3回①11時、②13時30分、③15時30分開始です。前半は投映員の生解説で夜空の紹介、後半は全天周デジタル映像の上映で、約60分の内容となっています。

屋根に目立つプリンの形
⇒プラネタリウムがある所

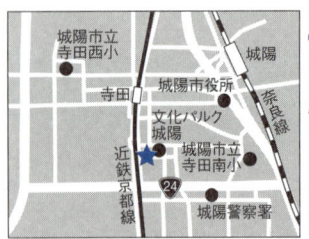

ドーム直径／23m（傾斜型20度）
座席数／220席（一方向型）
※ベビーカー：入口預かり
プラネタリウム機種／
コニカミノルタプラネタリウム（株）
INFINIUM α／（Panasonic PT-DZ8700＋魚眼レンズ）ポラリスA

DATA
- 公益財団法人 城陽市民余暇活動センター 文化パルク城陽プラネタリウム
- 京都府城陽市寺田今堀1 TEL 0774-55-7667
- 9:00～17:00
- 休：月曜日（祝日の時は開館）祝日の翌日、12/27～1/4
- 高校生以上：600円・4歳～中学生：300円
- 駅【近鉄京都線】寺田駅より徒歩8分
- あり（300台）有料 ※要問い合わせ
- http://www.bunkaparcjoyo.net/

全国プラネタリウムガイド 98

京丹後市星空体験学習室

ご利用は1回70分以内で、全25本のプログラムの中からお好きなものを選んでいただきます。人数は5名以上で、ご利用の3日前までに予約が必要です。ご予約は京丹後市役所開庁日（土・日、祝日を除く）の8時30分から17時までにお願いします。

プログラムは「プラネタリウム」「学習」「アミューズメント」「そのほか」の分類があります。くわしくは京丹後市役所丹後市民局へお問い合わせいただくか、ホームページをご覧ください。

「アミューズメント」プログラムはお子様に人気です。

DATA
- 京丹後市星空体験学習室（童夢）
- 京都府京丹後市丹後町間人1780　京丹後市役所丹後庁舎内
- TEL 0772-69-0714
  10:30～、13:30～、15:30～　※上映開始時間
- 休：年末年始
- ¥：無料
- 駅：【京都丹後鉄道】峰山駅よりバスで「丹後庁舎前」下車すぐ
- あり（57台）無料
- http://www.city.kyotango.lg.jp/kanko/planetarium/index.html

ドーム直径／5m（水平型）
座席数／27席（同心円型）
プラネタリウム機種／
コニカミノルタプラネタリウム（株）
MEDIAGLOBE

エル・マールまいづる

日本唯一の海上（船上）プラネタリウムとして2004年に開館しました。

風光明媚な舞鶴湾の一角に浮かぶ、豪華客船をイメージした船の中でゆったりとくつろぎながら、全天周ドームいっぱいの星を、上質感あふれるシアターでお楽しみいただけます。

肉眼で見ることのできる星と同じ6・5等星までの約8500個の星の輝きをシャープに映し出します。

海上プラネタリウムのあるミュージアムとして、「豪華客船の旅」「エネルギーの旅」などの魅力あふれる旅へみなさまを誘います。

ご当地にまつわる民話を取り入れた星座番組が好評です。

ドーム直径／12m（傾斜型6度）
座席数／98席（一方向型）
※車いす席2席、ベビーカー：入口預かり
プラネタリウム機種／
（株）五藤光学研究所 GSS-CHRONOS

DATA
- エル・マールまいづる
- 京都府舞鶴市字千歳897-1
  TEL 0773-68-1090
- 9:30～17:30
- 休：火、水曜日（祝祭日の場合は翌営業日）、年末年始
- ¥：高校生以上：200円・小中学生：100円・幼児：無料
- 駅：【JR舞鶴線ほか】東舞鶴駅より車で20分
- あり（65台）無料
- http://www.kepco.co.jp/corporate/info/community/pr/elmar/index.html

福知山市児童科学館

福知山市児童科学館は、21世紀を担うこどもたちが、科学を通じて想像力や情操を養い、「楽しみながら学び、体験できる」施設として1985年に三段池公園内に開設されました。当館には、自然科学展示施設、大型遊具でもある「ボールコースター」と共に、プラネタリウムも併設しており、ボールプールやブロックなどで小さいお子さんも安心して遊びのできる「キッズひろば」もあります。また、自然豊かな公園内には総合体育館、グラウンド、テニスコートなどの体育施設や、動物園、植物園、大型遊具を備えた広場などの娯楽施設も併設されています。

「キッズ広場」、「ボールコースター」、プラネタリウムが人気です。

DATA
- 福知山市児童科学館
- 京都府福知山市字猪崎377-1　TEL 0773-23-6292
- 9:00～17:00(入館は16:30まで)
- 水曜日(祝日の場合は翌日)、12/28～1/1
- 高校生以上：310円・4歳～小中学生：150円
- 【JR山陰本線】福知山駅より車で10分
- あり(1000台)無料
- http://www.sandanike-kouen.or.jp/

ドーム直径／10m(水平型)
座席数／85席(一方向型)
プラネタリウム機種／
(株)五藤光学研究所 GX-AT
(株)JVCケンウッド
D-ILAプロジェクター DLA-X3

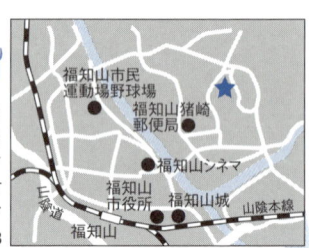

茨木市立天文観覧室

40年以上活躍しているプラネタリウムと新しいデジタル投影機を組み合わせています。天文学に関する知識の普及、文化の振興を図るために設置、運営されています。今、星空ではどんなものが見えているか？宇宙では何がおきているか？を生解説で投影しています。一般投影では今見える星空を毎月テーマを変えてお話しています。学校や幼稚園などの団体での投影も年齢に合わせてテーマや内容を変えています。また幼児のプラネタリウムや天体観望会も実施しています。

生解説で、幅広い年齢の方にお楽しみいただけます。

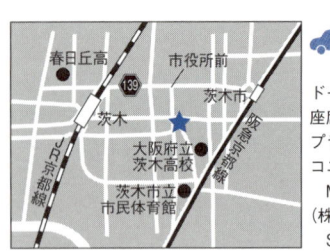

ドーム直径／8m(水平型)
座席数／57席(同心円型)
プラネタリウム機種／
コニカミノルタプラネタリウム(株)
MS-8
(株)アストロアーツ／(株)リブラ
STELLA DOME PRO／HAKONIWA

DATA
- 茨木市立天文観覧室
- 大阪府茨木市東中条町2-13　茨木市役所合同庁舎内7階(5～7階の間エレベーターなし ※要問い合わせ)
  TEL 072-622-6229
- 9:00～17:00
- 月・火・水曜日、日曜日をのぞく祝日、12/28～1/4
- 高校生以上：100円・4歳以上～中学生：50円
- 【JR京都線】茨木駅より徒歩10分
  【阪急電鉄】茨木市駅より徒歩15分
- あり(4台)有料 ※要問い合わせ
- http://www.kira.city.ibaraki.osaka.jp/koumin/koumin11.html

全国プラネタリウムガイド　100

池田市立五月山児童文化センター

五月山児童文化センターは、プラネタリウムのある星の館、科学の館として子どもたちの「おもしろいやん！」「なんでやろ？」を大切に、生きる力を育むことにつながる体験を重視した行事を企画・実施しています。プラネタリウムは日没から日の出まで生解説で投映。季節の星空や天文のテーマに沿った番組を楽しんで頂けます。館内では人形劇やコンサート、工作コーナーなど、家族で楽しめるイベントも実施しており、近隣の動物園や公園、ハイキングコースなどと合わせて五月山を1日中楽しむことができます。

日没から日出まで、1解説だけで投影しています。

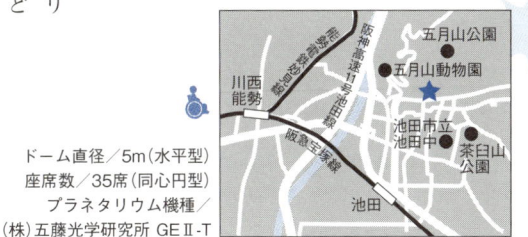

DATA
- 池田市立五月山児童文化センター（五児文）
- 大阪府池田市綾羽2-5-9　TEL 072-752-6301
- 9:00～17:00
- 月・火曜日、祝日（こどもの日と文化の日は開館）、年末年始
- 無料
- 【阪急電鉄】池田駅よりバスで「大広寺」下車、徒歩3分
- なし
- http://www.cosmos.zaq.jp/gojibun/

ドーム直径／5m（水平型）
座席数／35席（同心円型）
プラネタリウム機種／（株）五藤光学研究所 GEⅡ-T

東大阪市立児童文化スポーツセンター

ドリーム21は科学・文化・スポーツの各分野を組み合わせた子どものための複合施設です。1～2階は宇宙・地球・人間・科学の不思議を楽しく体験しながら学習できる科学展示室、2階は高画質の映像をドーム全体に投影でき、美しい星空が鑑賞できるプラネタリウム、3階はさまざまな遊具を備えたスポーツホールです。また、地下は多目的文化ホールになっていて、演劇や音楽、映画の鑑賞会などをおこなっています。いろいろな施設があるので、1日中遊ぶことができます。

子ども向けの星空解説と親子で楽しめる番組が特徴。

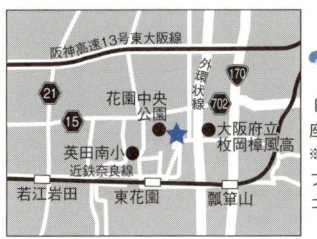

ドーム直径／20m（傾斜型15度）
座席数／260席（一方向型）
※ベビーカー：入口預かり
プラネタリウム機種／コニカミノルタプラネタリウム（株）INFINIUM 21D

DATA
- 東大阪市立児童文化スポーツセンター（ドリーム21）
- 大阪府東大阪市松原南2-7-21　TEL 072-962-0211
- 9:30～17:00
- 月曜日（祝日の場合は開館）、祝日の翌日（土・日・祝の場合は開館）、年末年始
- 大人：400円・高校生：200円・4歳以上～中学生：100円
- 【近鉄奈良線】東花園駅より徒歩15分
- あり（200台）有料　※要問い合わせ
- http://www.dream21.higashiosaka.osaka.jp/

大阪市立科学館

大阪都心の便利な場所にある大型施設です。プラネタリウム番組は常に2種類以上を投影。内容は基本的にオリジナルで、必ず今夜の星空の解説をいれています。全編を生解説でお送りするものと、後半部分に全天周映像作品が入るものがあります。

また、会員約1000人の友の会の活動も盛んで、科学を楽しむ拠点となっています。さらに、日本初のプラネタリウム館の大阪市立電気科学館の後継館でもあり、当時使用していたツァイス社の投影機を静態展示、資料を多数収蔵しています。

スタッフの個性ある解説が特長で、何度でも楽しめますよ。

DATA
- 大阪市立科学館
- 大阪府大阪市北区中之島4-2-1
  TEL 06-6444-5656
- 9:30〜17:00
- 月曜日（祝日の場合は翌平日）、年末年始、臨時休館日あり
- 大人：600円・中人：450円（高校生以上の学生）・小人：300円（3歳〜中学生） ※展示場は別途観覧料が必要（大人：400円・中人：300円・中学生以下：無料）
- 【大阪市営地下鉄四つ橋線】肥後橋駅より徒歩7分
- なし

http://www.sci-museum.jp/

ドーム直径／26.5m（傾斜20度）
座席数／300席（一方向型）
※車いすピットあり、ベビーカー：入口預かり
プラネタリウム機種／
コニカミノルタプラネタリウム（株）
INFINIUM L-OSAKA
（株）五藤光学研究所 VIRTUARIUM II

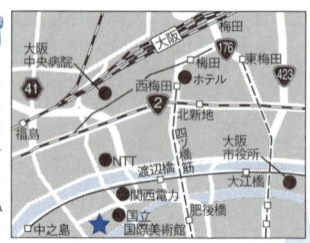

すばるホール

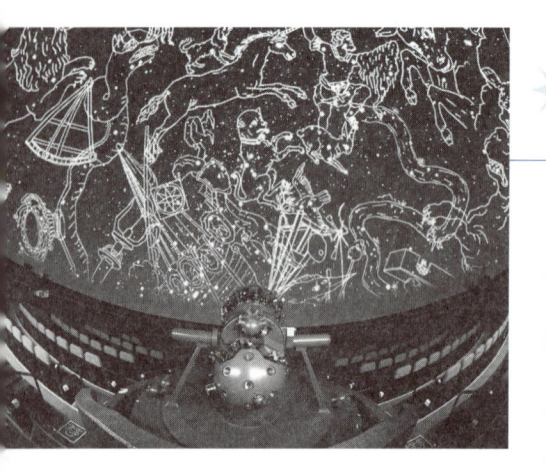

すばるホールプラネタリウム 満天の星空に行こう！

富田林市の総合文化会館「すばるホール」の中にプラネタリウムはあります。富田林市は、大阪府の東南部に位置する自然と歴史に恵まれたまちです。「すばるホール」は、多くの市民が集い、芸術文化の鑑賞や創作活動などの文化活動の拠点として、1991年10月に開館いたしました。その中にある、プラネタリウムは、ドーム直径20mと有数の規模を誇ります。満天の星空、臨場感あふれる映像、番組が楽しめます。また、番組により、解説員による当日の夜21時の星空案内もありますので、季節ごとに楽しめます。夜空を眺める楽しみがふえるかも。

幻想的な星空の世界をお楽しみください。

DATA
- すばるホール
- 大阪府富田林市桜ケ丘町2-8
  TEL 0721-25-0222
- 9:00〜22:00 ※投映時間は、要問い合わせ
- 平日の月曜日、年末年始
- 大人：500円・4歳〜中学生：250円
- 【近鉄長野線】川西駅より徒歩8分
- あり（266台）有料 ※要問い合わせ

http://subaruhall.org/

ドーム直径／20m（傾斜型25度）
座席数／200席（一方向型）
プラネタリウム機種／
（株）五藤光学研究所 GSS-II

大阪狭山市立公民館

日本最古のため池、狭山池がある大阪狭山市唯一の市立公民館。市民の方に気持ち良く使って頂ける社会教育施設です。プラネタリウムは、1977年から子どもから年配の方に宇宙への関心と癒しを提供し、オリジナル番組を投影しています。日曜日の14時からと15時からの45分間の投影と、市内小学生対象の学習投影や市内施設団体対象に七夕投影をしています。年に2回の館内イベントでは、オリジナルキャラクターを使った特別投影をしています。平日でも希望はあれば、投影します。（市内の団体のみ、要予約）

こじんまりとしたプラネタリウム。生解説で投影をしています。

DATA
- 大阪狭山市立公民館
- 大阪府大阪狭山市今熊1-106　TEL 072-366-0070
- 9:00～21:00
- 毎月末（土・日・祝除く）、12/29～1/4
- 無料
- 【南海高野線】金剛駅よりバスで「狭山西小学校前」下車、徒歩2分
- あり（84台）無料
- http://www.osakasayama-kouminkan.jp/

ドーム直径／7.5m（水平型）
座席数／59席（同心円型）
プラネタリウム機種／コニカミノルタプラネタリウム（株）MS-8

猪名川天文台（アストロピア）

阪神地域最高峰である大野山山頂にある猪名川天文台は、街の光などに邪魔されずに星を見るのに適しており、50cm反射望遠鏡で遠くの星を見ることができます。また、猪名川天文台では最新鋭のプラネタリウムを導入し、星座を見るだけでなく、最新の科学に基づく宇宙の映像や銀河系を抜け137億光年先の宇宙の果てまでの宇宙旅行を体験できる3次元シミュレーションなど、来館いただいた皆様に楽しんでいただける、沢山の番組をラインナップしています。さらに宇宙から見た地球の映像をプラネタリウムに映し出して見ることもできます。そうだ！週末は猪名川天文台へ行こう！

プラネタリウムを出れば満天の星空、同じ星を探せる♪

ドーム直径／5m（水平型）
座席数／寝ころび式
プラネタリウム機種／コニカミノルタプラネタリウム（株）MEDIAGLOBE-Ⅲ

DATA
- 猪名川天文台（アストロピア）
- 兵庫県川辺郡猪名川町柏原字尾野ヶ嶽1-1　TEL 072-769-0770
- 13:30～21:30
- 月～水（祝日の場合は開館）、年末年始
- 高校生以上：200円・中学生以下：無料
- 【阪急電鉄】川西能勢口駅より車で60分
- あり（50台）無料
- http://www.town.inagawa.hyogo.jp/~etc/Astropia/

にしわき経緯度地球科学館「テラ・ドーム」

東経135度と北緯35度が交差する「日本のへそ」にある地球・宇宙をテーマにした科学館です。

館内には、デジタルプラネタリウムのほか、身近な気象現象や緯度経度について体験しながら学べる展示物があり、楽しみながら学ぶことができます。また、81cm大型反射望遠鏡を備えた天文台では、晴れた日には1等星や太陽など、本物の星の姿を見ていただけます。

日曜・祝日の午後には身近な材料を使って実験や工作を体験できる子ども科学教室を行っています。

施設周辺のへそ公園にはジャンボすべり台やふわふわドームなどもあり、緑に囲まれて親子で1日お楽しみいただけます。

小さなお子様でも楽しく学べます。

DATA
- にしわき経緯度地球科学館「テラ・ドーム」
- 兵庫県西脇市上比延町334-2　TEL 0795-23-2772
- 10:00〜18:00（入館は17:30まで）
- 月曜日、祝日の翌日（土・日・祝は除く）・年末年始
- 大人：510円・高校生：200円・小中学生：100円・幼児：無料
- 【JR加古川線】日本へそ公園駅より徒歩5分
- あり（120台）無料
- http://www.nishiwaki-cs.or.jp/terra/

ドーム直径／6m（水平型）
座席数／30席：長いす（同心円型）
プラネタリウム機種／（株）アストロアーツ STELLA DOME PRO

伊丹市立こども文化科学館

プラネタリウムを中心に、宇宙をテーマにした体験型の展示も楽しめる施設。玄関では館キャラクター「ひょんたん」がお出迎え。2013年にリニューアルしたスーパープラネタリウム「MEGASTAR-ⅡB itami」は500万個の星々を映し出します。季節ごとに変わるレギュラー投影は館職員の自主制作。生解説でおこなう星空案内と併せてご家族でお楽しみください。音楽と星空に包まれるトワイライト投影や、星と物語で楽しむちびっこ投影も人気。

伊丹空港を見渡せる展望台も伊丹ならでは。

国内最西端のメガスター館
伊丹空港を見渡す360度の展望も

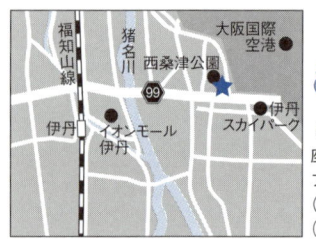

ドーム直径／14m（水平型）
座席数／150席（一方向型）
プラネタリウム機種／
（有）大平技研 MEGASTAR-ⅡB itami
（株）アストロアーツ STELLA DOME PRO

DATA
- 伊丹市立こども文化科学館
- 兵庫県伊丹市桑津3-1-36　TEL 072-784-1222
- 9:00〜17:15（入館は16:45まで）
- 火曜日（祝日の場合は開館）、祝日の振替日、年末年始
- 大人：400円・中高校生：200円・3歳〜小学生：100円（3歳未満無料）
- 【JR宝塚線】伊丹駅より徒歩17分、またはバスで「神津」下車すぐ
- なし
- http://business4.plala.or.jp/kodomo/

バンドー神戸青少年科学館

神戸で唯一のプラネタリウムと体験型展示やワークショップ、科学教室などをとおして科学や宇宙をたのしく学び、遊べる科学館です。館内には6つの展示室があり、「科学実験ショー」や、口径25cm屈折望遠鏡「たいよう」で、太陽の黒点やプロミネンスを観測することができる天体観測を毎日開催しています。プラネタリウムは、直径20mのドームに広がる星空空間に約2万5000個の星を映し出し、オリジナル番組や、季節の星空解説を投映します。星空を望遠鏡で観望する「星空ウォッチング」も毎月実施しています。

神戸でいちばん星空に近い場所
KOBEプラネタリウム

DATA
- バンドー神戸青少年科学館（神戸市立青少年科学館）
- 兵庫県神戸市中央区港島中町7-7-6　TEL 078-302-5177
- 9:30～16:30（月～木）、9:30～19:00（金・土・日・祝）／春・夏休み
- 水曜日（祝日の場合は翌日）、年末年始、館内整理日　※春・夏休みは無休
- 大人：1000円・小中高生：500円・幼児以下：無料（入館料込み）
- 【神戸新交通】南公園駅より徒歩3分
- なし
- http://kobe-kagakukan.jp

ドーム直径／20m（水平型）
座席数／280席（一方向型）
プラネタリウム機種／
（株）五藤光学研究所　GSS-KOBE／
VIRTUARIUM Ⅱ

加古川総合文化センター

～小さなプラネタリウムから大きな夢を！～
当センターのプラネタリウム館では、6・5等までの恒星や様々な天体を直径12mのドームに映し、リアルな星空を再現します。一般投映では、解説員による星空案内と、その後の全天周番組をお楽しみいただけます。また、宇宙のより深い話題を紹介する「プレミアムプラネタリウム」、香りの中で星空とお話を提供する癒しの「アロマプラネタリウム」、星空のもとで音楽を楽しんでいただく「プラネタリウムコンサート」などの企画があります。
さらに、外の芝生広場で年に数回開催する星見会や、遊び感覚で学べる「宇宙科学館」で、宇宙を気軽に楽しめます。

駅チカ、レストランあり、
バス駐車可、団体貸切OK！

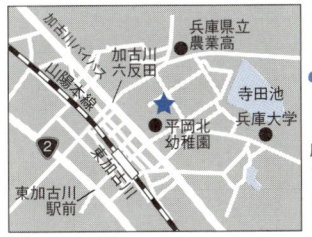

ドーム直径／12m（水平型）
座席数／84席（一方向型）
プラネタリウム機種／
コニカミノルタプラネタリウム（株）
MS-10AT

DATA
- 加古川総合文化センター
- 兵庫県加古川市平岡町新在家1224-7　TEL 079-425-5300
- 10:00～17:00（入館は16:30まで）
- 第2・第4月曜日（祝日の場合は翌日）、12/29～1/3
- 高校生以上：400円・4歳～中学生：100円・幼児：無料
- 【JR神戸線】東加古川駅より徒歩10分
- あり（220台）有料　※要問い合わせ
- http://www.kakogawa-bunka.jp

明石市立天文科学館

日本の時刻の基準となる東経135度子午線に建つ「時と宇宙の博物館」。館内には、太陽系儀や銀河系儀、隕石、探査機の模型などの宇宙・天文に関する展示のほか、子午線の位置を示した明石の町のジオラマや様々な時計の仕組みなど、時や子午線についての展示があります。

また、プラネタリウムでは、その日の星空とその時々のテーマについて解説員が生解説をおこなっています。

時計塔にある14階展望室からは、明石海峡大橋も一望できます。

現役では日本最古の
プラネタリウムです。
全国プラ「レア」リウム33箇所
巡り13番札所

DATA
- 明石市立天文科学館
- 兵庫県明石市人丸町2-6　TEL 078-919-5000
- 9:30～17:00（入館は16:30まで）
- 月曜日・第2火曜日（祝日の場合は翌日）、年末年始
- 大人：700円・小中高生：無料・幼児：無料
- 【JR山陽本線】明石駅より徒歩15分／【山陽電車】人丸前駅より徒歩3分
- あり（普通車90台、大型バス8台）有料　※バスは要問い合わせ
- http://www.am12.jp/

ドーム直径／20m（水平型）
座席数／300席（同心円型）
プラネタリウム機種／
Carl Zeiss Jena（旧東ドイツ）
Universal 23/3

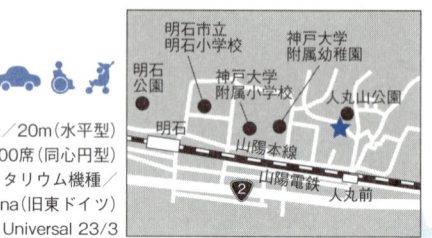

姫路科学館

科学の展示とプラネタリウムが自慢の総合科学館。プラネタリウムは平成25年3月にリニューアルしました。世界第5位を誇る直径27mのドームには、LED光源の光学式プラネタリウムの星空と解像度4Kの全天周映像が広がります。ゆったりした座席から見る星空や全天周映像は美しさと迫力が満点です。投影は短い星空案内と全天周映像作品を上映する「全天映画」と、生解説45分の「星空案内と宇宙の話題」の2種類あり、CDコンサートなどのプラネタリウムイベントも人気です。

星空の美しさと全天周映像の
バランスは関西一！

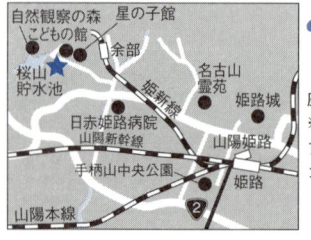

ドーム直径／27m（傾斜15度）
座席数／284席（一方向扇型）
※食事施設は土・日・祝のみ
プラネタリウム機種／
コニカミノルタプラネタリウム（株）
INFINIUM α NEO／
SUPER MEDIAGLOBE-Ⅱ 4K

DATA
- 姫路科学館
- 兵庫県姫路市青山1470-15　TEL 079-267-3001
- 9:30～17:00（入館は16:30まで）
- 火曜日、祝日の翌日（土・日、祝日の場合は開館）、年末年始
- 大人：500円・高校生：200円・小中学生：200円・幼児：無料
- 【JR山陽本線】姫路駅よりバスで20分、「星の子館前」下車すぐ
- あり（80台）無料
- http://www.city.himeji.lg.jp/atom/

大塔コスミックパーク　星のくに

大塔コスミックパークは奈良県の山間、国道168号線で1番標高の高い場所に位置しています。プラネタリウム生解説による四季の星空案内。そして何より実際に美しい星空を見ることができる…これが当施設の最大の魅力です。国内には宿泊施設、温泉、バーベキューハウスなども完備されており、星空をゆったり、ゆっくり満喫できる総合施設となっています。また望遠鏡の工作など、各種工作教室、星を含め自然と親しむイベント、各学校、子ども会などと協力した星の観測会をおこなっています。

☆ご宿泊でゆったりと星を眺めませんか☆

DATA
- 大塔コスミックパーク星のくに
- 奈良県五條市大塔町阪本249　TEL 0747-35-0321
- 13:00～17:00（土曜日）、10:00～17:00（日・祝祭日）　※平日は団体の予約投映、レイトショーは宿泊者対象
- 休：水曜日
- ¥：中学生以上：500円・4歳～小学生：300円・3歳以下：無料
- 駅：【JR和歌山線】五条駅より車で30分、またはバスで「星のくに」下車すぐ
- あり（20台）無料
- http://www.ootou.jp/

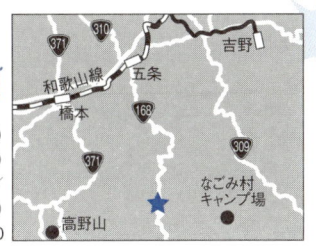

ドーム直径／12m（水平型）
座席数／102席（一方向型）
プラネタリウム機種／
コニカミノルタプラネタリウム（株）
MS-10

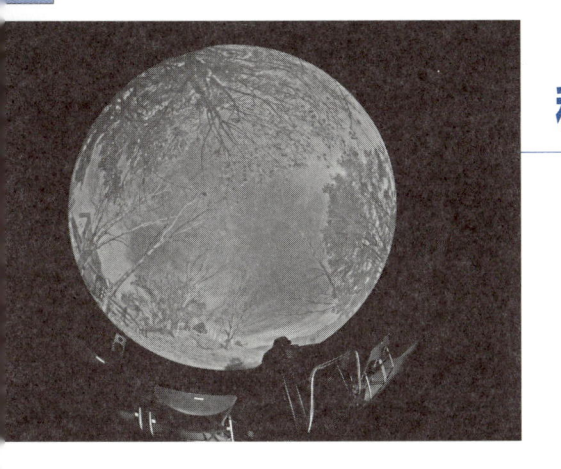

和歌山大学　観光デジタルドームシアター

和歌山大学観光学部付属の実写ドーム映像研究施設です。2009年奄美大島皆既日食では、現地から全国4ヵ所のドームシアターへ世界初の4Kドーム映像生中継実験を行いました。以降、自然の風景や各地の祭り、海中、東日本大震災の被災地ほか、記録やエンターテインメントとして様々な分野でドーム映像の活用を提案しています。普段は一般公開していませんが、小中高校の大学見学やオープンキャンパスなどの大学公開イベントでは、最新の研究成果の紹介や星空案内も実施しています。

常に新しい実写ドーム映像にチャレンジしています！

ドーム直径／5m（傾斜15度）
座席数／パイプいすで約10席（一方向型）
プラネタリウム機種／
コニカミノルタプラネタリウム（株）
SUPER MEDIAGLOBE-II　和歌山大学特別仕様

DATA
- 和歌山大学　観光デジタルドームシアター
- 和歌山県和歌山市栄谷930　TEL 073-457-8553（観光教育研究センター代表）
- 研究施設のため非公開、大学公開イベントなどで年に数回一般公開、学校団体の大学見学などでの利用は個別に要相談
- 休：土・日・祝、夏季および冬季休業期間
- ¥：―
- 駅：【南海本線】和歌山大学前駅より徒歩20分
- あり　無料
- http://www.wakayama-u.ac.jp/tourism/

※一般公開はしておりません。個人の方のお問い合わせはご遠慮ください。

和歌山市立こども科学館

こどもから大人まで楽しく遊びながら科学体験できます。1階の宇宙ステーションをモデルにした「たんけん！宇宙ひろば」がお客様を迎えます。2〜3階のたくさんの展示では、楽しく遊びながら科学を学習できます。2階には幼児用の科学施設もあって、小さなお子様連れにも安心。プラネタリウムでは、季節の星座解説に続いて全天周映写機による楽しい番組をご覧いただけます。また、月2回おこなわれる星空散歩では星空のおもしろいところを約40分の手動投影で解説します。郷土の自然コーナーには和歌山の淡水魚や植物、化石岩石などの展示があって、野遊び前に必見です。

こどもも大人も
楽しく遊べる科学館

DATA
- 和歌山市立こども科学館
- 和歌山県和歌山市寄合町19
  TEL 073-432-0002
- 9:00〜16:30
- 月曜日（祝日の場合は翌日）、年末年始
- 高校生以上：600円・小中学生：300円・幼児：無料（入館料込み）
- 【南海本線】和歌山市駅より徒歩5分
- あり（4台）無料
- http://www.city.wakayama.wakayama.jp/kodomo/

ドーム直径／12m（水平型）
座席数／126席（一方向型、一部同心円型）
※ベビーカー：入口預かり
プラネタリウム機種／
コニカミノルタプラネタリウム（株）
MS-10AT

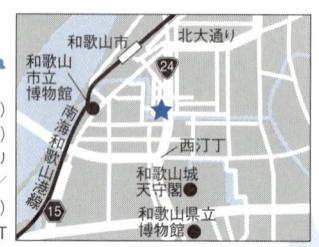

和歌山県教育センター学びの丘 プラネタリウム

和歌山県教育センター学びの丘のプラネタリウムは、教員研修をはじめ、授業や生涯学習事業に幅広く活用されています。
今夜の星空や四季折々の星座解説、星座の物語など、教育からエンターテインメントまで様々なジャンルの内容を上映しています。
詳しい利用方法につきましては、当センターウェブページをご覧ください。

和歌山県紀南地方唯一の
プラネタリウムです。

DATA
- 和歌山県教育センター学びの丘 プラネタリウム
- 和歌山県田辺市新庄町3353-9
  県立情報交流センターBig・U内
  TEL 0739-26-3511
- 団体利用：平日10:00〜、11:00〜（要事前申請）、個人利用：土・日曜日不定期開催
- 祝日および年末年始
- 無料
- 【JR紀勢本線】紀伊田辺駅よりバスで「医療センター前」下車、徒歩10分
- あり（210台）無料
- http://www.wakayama-edc.big-u.jp/

ドーム直径／6m（水平型）
座席数／40席（3列）
プラネタリウム機種／
コニカミノルタプラネタリウム（株）
MEDIAGLOBE

星空の下の劇場
〜演劇×プラネタリウム〜

芸術創造チーム雑貨団　小林 善紹

僕は「雑貨団（ざっかだん）」というチームで活動しています。

雑貨団は「シアトリカル・プラネタリウム」という、プラネタリウムでの演劇公演で全国をまわっている、ちょっと珍しいかも知れない人たちです。

プラネタリウム全体を劇場にして、生の役者さんがお芝居をしたり、ダンスしたり、ときにはアクションがあったり、ドームに映した映像の役者さんと会話したり。宇宙飛行士も、宇宙人も、未来人も超能力者も怪獣もロボットも妖怪もなんでもあり。SFもファンタジーもコメディが多いですが、もちろん物語は宇宙が大事なテーマを再現するためだけのものでした。雰囲気でいうなら「マジメな雰囲気」だったのかも知れません。だけど、今は各地のプラネタリウムで工夫がされ、壮大な天文の番組を投影したり、演奏会を楽しんだり、天体ショーをライブで観られたりと、いろいろなことが楽しめるようになりつつあります。

元々プラネタリウムは星の動きを再現するためだけのものでした。雰囲気でいうなら「マジメな雰囲気」だったのかも知れません。だけど、今は各地のプラネタリウムで工夫がされ、壮大な天文の番組を投影したり、演奏会を楽しんだり、天体ショーをライブで観られたりと、いろいろなことが楽しめるようになりつつあります。

「プラネタリウムに行く」というのが、「ただ何となく星を見る」という一種類だけじゃなくなって「どこそこのプラネタリウムに」「なになにを楽しみに行く」という風に、どんどんチャンネルが増えている時代になりました。

僕たちがプラネタリウムで演劇をしてみたいと思ったのは、プラネタリウムが持っている「雰囲気」がとても素敵だったから。プラネタリウムは、博物館や科学館といったところに多いのですが、不思議とプラネタリウムの中はロマンチックで、メルヘンチックで、お芝居をするにはピッタリの「いい雰囲気」です。デートに誘うときだって「博物館に行こう」と誘ったら、好き嫌いが分かれるかも知れないけれど、「プラネタリウムに行こう」って言ったらきっとロマンチック。

元々プラネタリウムは星の動きさんの情報を手にして（あるいはこの本を手にして）、自分の観たいと思うものを選んで観に行けるようになったのです。

テレビだってチャンネルが多い方がいいに決まっています。専門チャンネルで宇宙のことを詳しく勉強したいときだってあるし、ときには星を見ながら音楽を楽しみたい、ときにはニュースな天文現象を一緒に体験したい、気分はそれぞれ。

僕たちは、プラネタリウムをドラマで楽しめる、バラエティの担当チャンネル。プラネタリウムの全部が全部、僕たちのようなフマジメな番組になってしまったら大問題ですけどね！

プラネタリウムは、事前にたく

（こばやしよしつぐ）

芸術創造チーム雑貨団を興し、1995年からプラネタリウムでの演劇公演を行う。ほか、プラネタリウム番組プロデュースや、宇宙をテーマにしたこどもミュージカルワークショップなど、宇宙を一般の人に近づける活動を、近年ますます精力的に行っている。http://zakkadan.net

プラネタリウムを家で見たい

株式会社 セガトイズ

「家の中で満天の星を見たい。ピンホール式の簡易な投影ではなく、本物のプラネタリウムで見られるような星数、美しさを家庭でも実現したい」

弊社の開発担当者がそんな思いを胸に、MEGASTAR（メガスター）を開発したプラネタリウム・クリエーター、大平貴之さんを訪ねたのが今から10年以上前のことです。世界初の家庭用光学式プラネタリウムの製造、開発には当然多くの課題がありましたが、大平さんと共に一つ一つ解決し、2005年7月、初代HOMESTARは誕生しました。

"家庭用プラネタリウム"は世の中に受け入れられるのだろうか……社内でも心配する声が上がりましたが、HOMESTARは発売前から話題となり、すぐにその年のヒット商品となりました。その後、星数や日時指定機能を追加した上位機種、お風呂で使える機種、癒しをテーマに音楽を内蔵した機種、お手軽な価格を実現した機種等々、HOMESTARはお客様のニーズや流行に合わせて様々な進化を遂げ、天文ファンだけでなく、男女、世代を超えて多くの方に手に取っていただける商品となりました。おかげさまでHOMESTARシリーズは間もなく累計出荷台数が100万台に到達する見込みです。HOMESTARを購入されるお客様の目的は様々ですが、共通するのは「家でプラネタリウムを見たい」という想い。そう思われる方が多いのは、いつか見たプラネタリウムに素敵な思い出が詰まっているからではないでしょうか。幼いころ両親と見たプラネタリウム。遠足で学校のみんなと見たプラネタリウム。初めてのデートで恋人と見たプラネタリウム。HOMESTARシリーズの映し出す星空は、美しいというだけではなく、こういった思い出を呼び起こしてくれるからこそ、これほど多くの方に愛していただいているのではないかと思います。

HOMESTARを見たお客様がプラネタリウムに。プラネタリウムを見たお客様が家でHOMESTARを。星空が身近にある生活をもっと多くの方に、もっと楽しんでいただくため、HOMESTARは全国のプラネタリウム施設と共に進化を続けていきます。

（株式会社セガトイズ）
玩具メーカー。プラネタリウム・クリエーター、大平貴之氏と家庭用プラネタリウム「HOMESTAR（ホームスター）」シリーズを共同開発し、販売している。
http://www.segatoys.co.jp/homestar

長時間露光による写真

中国・四国

鳥取市さじアストロパーク

中国山地の山間にあり、まち明かりもなく澄んだ空気で満天の星空を堪能できます。プラネタリウムのほかに、103cm大型望遠鏡と望遠鏡付き宿泊施設「星のコテージ」、ペンション「コスモスの館」を備えた天文施設です。夜間観察会は晴天時毎晩おこなっており、望遠鏡による観察と園地での星座解説の2本立てです。また昼間の星観察会も晴天時は毎日おこなっており、昼も夜も星が観察できる施設です。プラネタリウムの通常投影は生解説とテーマ番組の2本立て。テーマ番組はHAKONIWAによるデジタル番組です。

小さなプラネタリウムなのでアットホームな雰囲気です。

DATA
- 鳥取市さじアストロパーク
- 鳥取県鳥取市佐治町高山1071-1　TEL 0858-89-1011
- 9:00～22:00（4～9月）、9:00～21:00（10～3月）
- 月曜日、第3火曜日、祝日の翌日、年末年始
- 高校生以上：600円・小中学生：200円・幼児：無料（入館料込み）
- 【JR因美線】用瀬駅より車で約25分／【鳥取自動車道】用瀬PAより車で25分
- あり（80台）無料
- http://blog.zige.jp/saji-astro/

ドーム直径／6.5m（水平型）
座席数／40席（一方向型）
※食事施設は宿泊者のみ
プラネタリウム機種／
（株）五藤光学研究所 GEⅡ-T

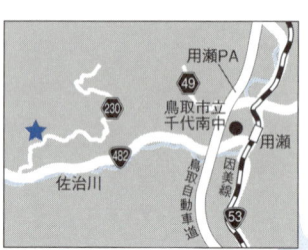

米子市児童文化センター

米子市児童文化センターは、「米子市制50周年事業」として、新しい遊びや、興味のある文化活動の場を提供し、健全な児童生徒の育成を図るため1983年3月1日に開館しました。様々な、遊びや体験をできる入場無料の施設です。児童図書館やおもちゃで遊べる部屋もあります。児童文化センターのプラネタリウムの特徴は、約6000個の星を映すことのできるプラネタリウム投影機（GX-AT）と全天周投影システムなどを使い、米子市内から見える星空を解説員が、毎回生解説でわかりやすくご案内しています。

今夜見える星空を、毎日生解説で投影中♪

ドーム直径／12m（水平型）
座席数／100席（一方向型）
プラネタリウム機種／
（株）五藤光学研究所 GX-AT

DATA
- 米子市児童文化センター
- 鳥取県米子市西町133（湊山公園内）　TEL 0859-34-5455
- 9:00～17:00
- 火曜日（火曜日が祝日の場合は次の日の水曜日）・12/29～1/3
- 大人：310円・小中高校生：50円（土・日、祝日は無料）・幼児：無料
- 【JR山陰本線】米子駅より徒歩20分／【米子市内循環バス】湊山公園下車、徒歩2分
- あり（40台）無料
- http://www.yonagobunka.net/jibun/

全国プラネタリウムガイド　112

出雲科学館

出雲科学館では、市内小中学校の児童、生徒たちが最新鋭で高性能の装置、機器を使って平日に理科学習を行うほか、土日祝日を中心に子どもから一般を対象に科学・ものづくりに関する様々な生涯学習を展開しています。年間計画に基づく体系的な理科学習（学校教育）と生涯学習（社会教育）の機能を併せ持つ全国でも珍しい施設として2002年7月20日に開館しました。

館内にはサイエンスホール、プラネタリウムや展示体験プラザ、様々な実験設備を装備しており、幼児から大人まで直接見て、触れて、創る、体験型の科学ミュージアムです。

育てよう、未来への夢。
発見しよう、科学の不思議。

DATA
- 出雲科学館
- 島根県出雲市今市町1900-2
  TEL 0853-25-1500
- 9:30〜17:30
- 第3月曜日（祝日の場合は翌平日）、年末年始
- 無料
- 【JR山陰本線】出雲市駅より徒歩9分／【一畑電鉄】出雲科学館パークタウン前駅より徒歩5分
- あり（150台）無料
- http://www.izumo.ed.jp

ドーム直径／4m（水平型）
座席数／35席（一方向型）
プラネタリウム機種／
コニカミノルタプラネタリウム（株）
MEDIAGLOBE

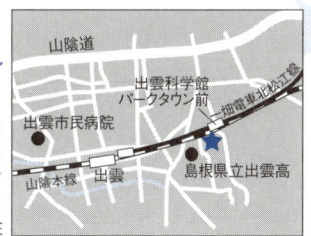

島根県立三瓶自然館サヒメル

国立公園三瓶山の山麓にある自然系博物館で、館内には周辺の生き物や植物、地質が学べる展示がいっぱい。なかでも、四千年前の三瓶山の噴火によって埋もれた縄文の森「三瓶小豆原埋没林」は、迫力満点です。

プラネタリウムでは毎日、その日の星空を解説員がライブで紹介しています。ほかにも時期によって入れ替わるプラネタリウム番組や、三瓶や島根の自然を描いた大型ドーム映像も上映中。口径60cmの反射望遠鏡や、屋根が動くスライディングルーフを備えた天文台では、毎週土曜日に天体観察会を開催していて、街明かりが届かない星空を存分に楽しめます。

自然いっぱいの博物館で、
昼も夜も星三昧！

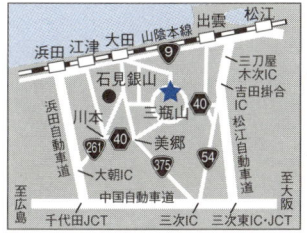

ドーム直径／20m（傾斜型20度）
座席数／203席（一方向型）
プラネタリウム機種／
コニカミノルタプラネタリウム（株）
INFINIUM β改／SUPER MEDIAGLOBE-II

DATA
- 島根県立三瓶自然館サヒメル
- 島根県大田市三瓶町多根1121-8
  TEL0854-86-0500
- 9:30〜17:00
- 火曜日（祝日の場合は翌平日、夏休み中は毎日開館）、年末年始ほか
- 大人：400円（企画展開催時は別料金）・小中高校生：200円・幼児：無料
- 【JR山陰本線】大田市駅より車で30分／【松江自動車道】吉田掛合ICより車で40分
- あり（150台）無料
- http://nature-sanbe.jp/sahimel/

岡山県生涯学習センター　人と科学の未来館サイピア

本館は、岡山県生涯学習センター内の施設として、子どもからお年寄りまで様々な年代の方が、科学・宇宙といった分野を学び楽しむことを目的としています。土日祭日を中心にサイエンスショーを始めとした科学体験ができる学習広場や、岡山県内の企業やNPO、学校などと連携した企画展示室もあります。

プラネタリウムでは、100万個の星空を見上げながら、今夜岡山から見られる季節の星座や星々を生解説でお届けします。また4Kの美しい解像度でドームいっぱいに広がる迫力満点の全天周映像番組もお楽しみ下さい。

みんな科学と宇宙が好きになる！
体験、実験、発見！

DATA
- 岡山県生涯学習センター　人と科学の未来館サイピア
- 岡山県岡山市北区伊島町3-1-1　TEL 086-251-9752
- 9:00～17:00
- 月曜日、祝日の翌日、12/28～1/4
- 大人：520円（65歳以上：310円）・高校生：300円・小中学生：100円・幼児：無料
- 【JR山陽本線】岡山駅西口より車で5分
- あり（180台）無料
- http://www.sci-pia.pref.okayama.jp

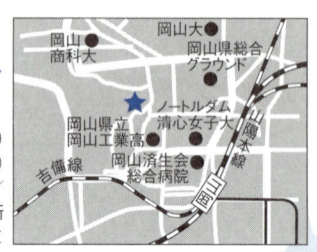

ドーム直径／15m（水平型）
座席数／132席（一方向型）
プラネタリウム機種／
（株）五藤光学研究所
CHRONOS II／VIRTUARIUM II

ライフパーク倉敷科学センター

様々な科学の魅力を体験できる理工系科学館施設。メインの宇宙劇場は直径21mの大型ドーム、プラネタリウムと全天周映画が設置された中国地方最大級の科学シアターです。毎日の星空を天文解説者が肉声でご案内。星空は毎日違った表情を私たちに見せてくれるため、ご来場のみなさんがその日の夜空を楽しめるよう当夜21時の夜空を忠実に再現、ご案内するのがこだわりです。星座の探し方からおすすめ天文現象まで、ドームの下での星空散歩をお楽しみください。

星空生解説とテーマプログラム
で50分の星空散歩

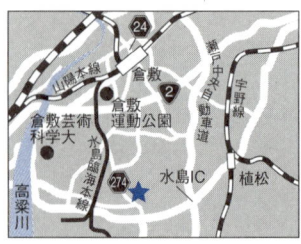

ドーム直径／21m（傾斜型25度）
座席数／210席（一方向型）
プラネタリウム機種／
（株）五藤光学研究所 GSS-HELIOS

DATA
- ライフパーク倉敷科学センター
- 岡山県倉敷市福田町古新田940　TEL 086-454-0300
- 9:00～17:15
- 月曜日（祝日の場合は翌日）、年末年始
- [プラネタリウム]・大人：410円・小中高校生：210円[全天周映画]・大人：410円・小中高校生：210円[プラネタリウム＋全天周映画]大人：620円・小中高校生：310円
- 【JR山陽本線】倉敷駅よりバスで25分／【瀬戸中央道】水島ICより車で15分
- あり（430台）無料
- http://www2.city.kurashiki.okayama.jp/lifepark/ksc/

岡山天文博物館

岡山天文博物館は山の上にある天文専門の博物館です。プラネタリウムや4次元デジタル宇宙シアター、太陽観測を通して、宇宙の魅力を体験できます。浅口市は古くから観測適地として知られ、同敷地内には国内最大級を誇る188cm反射望遠鏡を備えた国立天文台岡山天体物理観測所があり見学コースになっています。また完成すれば東アジア一となる京都大学3.8m望遠鏡計画も進行中です。
博物館からの眺めは素晴らしく、南には瀬戸内の島々や瀬戸大橋、四国連山、また遠く北の方角には雪をかぶった大山が見られることもあります。

日本の観測天文学の歴史・未来を目の当たりにできます。

DATA
- 岡山天文博物館
- 岡山県浅口市鴨方町本庄3037-5　TEL 0865-44-2465
- 9:00～16:30
- 休：月曜日(祝日・振替休日の場合はその翌日)、祝日の翌日、連休の場合はその翌日翌々日、年末年始
- ¥：大人：400円・高校生：300円・中学生：200円・小学生：150円・幼児：無料(入館料込み)
- 駅：【JR山陽本線】鴨方駅よりタクシーで約20分　※公共交通手段はありません。
- あり(30台)無料
- http://ww1.city.asakuchi.okayama.jp/museum/

ドーム直径／10m(水平型)
座席数／50席(一方向型)
プラネタリウム機種／
コニカミノルタプラネタリウム(株)
MS-10／MEDIAGLOBE-Ⅲ

府中市こどもの国

プラネタリウムを備えた厚生施設としての児童館。
児童には木工を中心とした工作教室や料理教室を開催し、乳幼児には木のすべり台や積み木などがそろったプレイルームがあり、遊ぶ、楽しむ、考える、創る、学ぶをテーマにしています。
プラネタリウムのスペースドームでは、晴れていたら見えるであろう今夜の星空、近く見られる天文現象など、家に帰ってからも実際の星空で観察できる様にご案内しています。

神話に彩られた星空を訪ね、四季折々の星座を楽しもう。

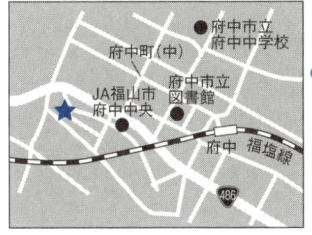

ドーム直径／10m(水平型)
座席数／80席(一方向型)
プラネタリウム機種／
コニカミノルタプラネタリウム(株)
INFINIUM γ

DATA
- 府中市こどもの国(POM(ポム))
- 広島県府中市土生町1587-7　TEL 0847-41-4145
- 9:00～17:30
- 休：月・木曜日、第3日曜日(ただし、祝日は開館)、12/29～1/3
- ¥：大人：420円・小中高校生：210円・幼児：100円
- 駅：【JR福塩線】府中駅より徒歩10分
- あり(50台)無料
- http://www.ccjnet.ne.jp/~pom

三原市宇根山天文台

併設の天文台には、広島県内で一般公開施設としては最大規模を誇る口径60cmのカセグレン式望遠鏡と口径15cmの屈折望遠鏡を備えていることで、青少年の天文学習そしてアマチュア天文家など幅広い層、広域からの来館者に活用されています。また望遠鏡で観測した天体を即、1階のプラネタリウムで再現し、天体の解説を来館者の要望に合わせてアットホームな雰囲気でおこない、好評を得ています。

年間約10回ぐらい、天文現象などに合わせて観望会を開き、しの笛演奏やハープ演奏も楽しんでいただいています。

バルコニーからは四国山脈や四国の市街地を双眼鏡で展望でき、また近くには国指定天然記念物の「久井岩海」があります。

DATA
- 三原市宇根山天文台
- 広島県三原市久井町吉田390-25 TEL 0847-32-7145
- 10:00～17:00、18:00～22:00
- 月～木曜日、12/28-1/4、観察不能日（雨天・曇天・気象警報発令など）
- 大人：310円・中高校生：210円・小学生：100円・幼児、障がい者：無料
- 【山陽自動車道】三原久井ICより北へ15キロ、ガイド板あり
- あり（30台）無料
- http://www.city.mihara.hiroshima.jp/site/kyouiku/tenmondaitop.html

ドーム直径／5m（水平型）
座席数／20席（自由型）
プラネタリウム機種／
（株）アストロアーツ STELLA DOME PRO
5.5mモバイルエアードームと
Stella-Studio.100ep

広島市こども文化科学館

1980年に開館した、こどもをおもな対象とした科学館です。1～3階には科学体験展示や教室、ホールなどがあり、4階にプラネタリウムがあります。広島県内で最大のプラネタリウムで、開館以来、季節ごとに新作のオリジナル番組を制作し、投影しています。また生演奏や朗読とあわせた毎月のイベント投影や、大人向けのヒーリング番組「リフレタリウム」、夏休みやクリスマスなどに実施している特別投影など、様々なスタイルの投影をおこなっています。

※2015年度に大規模改修。デジタル式プラネタリウム導入、座席交換予定。

30年以上稼働する投影機はクラシカルで迫力ある姿です。

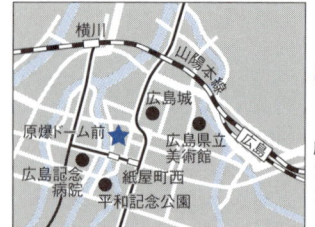

ドーム直径／20m（水平型）
座席数／340席（一方向型）
プラネタリウム機種／
コニカミノルタプラネタリウム（株）
MS-20AT

DATA
- 広島市こども文化科学館
- 広島県広島市中区基町5-83 TEL 082-222-5346
- 9:00～17:00
- 月曜日、祝日の翌平日、12/29～1/3
- 大人：510円・高校生、65歳以上：250円・幼児、小中学生：無料
- 【JR山陽本線】広島駅より路面電車で「原爆ドーム前」下車、徒歩300m
- なし
- http://www.pyonta.city.hiroshima.jp/

全国プラネタリウムガイド 116

山陽スペースファンタジープラネタリウム

学校の中にありながらも無料で一般公開している全国でも珍しいプラネタリウムです。プロジェクターによる全天番組と投影機による番組の投影が可能です。曜日・時間の決まっている「一般投影」では、年度ごとに話題になっている番組を選択し投影しています。そのほかに、夏休み期間中は1日3回、夏の特別投影をしています。また、団体で希望すれば、年齢に合わせた番組の選択も可能です。運が良ければ、天文同好会の生徒による星座解説が楽しめます。

幼児から大人まで幅広い年齢層に対応する投影が可能です。

DATA
- 山陽スペースファンタジープラネタリウム
- 広島県廿日市市佐方本町1-1　TEL 0829-32-2222
- 月～金曜日15:00～、土曜日　10:00～　11:00～
- 休：日曜日、祝日、お盆・年末年始、学校休業日（年数回）
- ¥：無料
- 駅：【広島電鉄宮島線】広島駅より山陽女子大前下車、徒歩2分／【JR山陽本線】廿日市駅下車、徒歩10分
- あり（5台）無料
- http://www.sanyo-jogakuen.ed.jp/

ドーム直径／12m（水平型）
座席数／85席（扇型）
プラネタリウム機種／
コニカミノルタプラネタリウム（株）COSMOLEAP
（株）JVCケンウッド　プロジェクター

山口県児童センター

当センターは、児童福祉法40条に規定されている児童厚生施設です。魅力ある施設とするためプラネタリウムを設置し、1981年7月25日にオープンしました。敷地内には、2011年3月リニューアルした屋外大型遊具もあり、保育園・幼稚園・小学校の社会見学の利用も多く、県外からの利用もあります。プラネタリウム番組投映は、定時投映と団体利用の際の臨時投映があります。季節の星座解説と話題になっている天体のトピックスやキャラクターの出演する番組など子どもたちが天文に興味を持つきっかけになることを目的に投映をおこなっています。

山口市の維新百年記念公園内にある児童施設です。

ドーム直径／15m（水平型）
座席数／180席（一方向型）
プラネタリウム機種／
（株）五藤光学研究所 GMⅡ

DATA
- 山口県児童センター
- 山口県山口市維新公園4-5-1　TEL 083-923-4633
- 9:00～16:30
- 休：月曜日（祝日の場合、翌日も休館）祝日（体育の日、5・11月の祝日を除く）12/28～1/4
- ¥：大人：260円・高校生以下、70歳以上：無料
- 駅：【JR山口線】矢原駅より徒歩15分
- あり（維新公園駐車場：2000台）無料
- http://www.centaro24.jimdo.com/

宇部市視聴覚教育センター

1967年設置の国産機では最古参プラネタリウムです。操作は手動で、肉声による生解説です。特に決まったプログラムはなく、その場の来場者に添った投影を行っています。常に新しい情報提供と自由な質疑応答で活き活きとした投影を展開し、古い施設ながら来場者が絶えません。当会館には天体望遠鏡（20cm屈折赤道儀）もあり、うべプラネタリウムとあわせ宇部天文同好会が指定管理者として運用に当たり、天体観望はもとより天体観望会、移動天文教室、講演会など総合的な天文普及活動を行っています。

徹底的なアナログ機の下、
自由で楽しい星の会話が広がります。

DATA
- 宇部市視聴覚教育センター（うべプラネタリウム）
- 山口県宇部市松山町1-12-1　宇部市勤労青少年会館4F
- TEL 0836-31-5515
- 日曜日14:00～16:00　※夏休みなど長期休日の場合、月・火・木・金曜日も開館　年末年始
- 大人：54円・高校生以下：無料
- 【JR宇部線】東新川駅より徒歩10分
- あり（40台）無料
- http://www.city.ube.yamaguchi.jp/kyouyou/shakaikyouiku/index.html

ドーム直径／8m（水平型）
座席数／69席（同心円型）
プラネタリウム機種／
（株）五藤光学研究所 Venus S-3

徳島県立あすたむらんど

「あすたむらんど」という「明日に多くの夢がある場所」という意味で、遊びや体験を通じて科学を身近に感じる「こども科学館」をはじめ、「プラネタリウム」や「体験工房」「吉野川めぐり」「四季彩館」といった各施設、「水と光と緑」をコンセプトにした遊具や展示物もいっぱい。こどもから大人まで自然の中でゆっくり楽しめます。プラネタリウムでは、宇宙空間に飛び出したような満天の星空の中で、四季折々の星座を紹介。専門スタッフによる〝今夜の星空生解説〟と番組をお楽しみいただけます。

世界一星が明るい
プラネタリウムをぜひご覧ください！

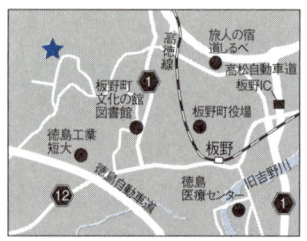

ドーム直径／20m（傾斜型20度）
座席数／191席（一方向型）
プラネタリウム機種／
（株）五藤光学研究所 SUPER-HELIOS

DATA
- 徳島県立あすたむらんど（あすたむらんど徳島）
- 徳島県板野郡板野町那東字キビガ谷45-22
  TEL 088-672-7111（代表）
- 9:30～17:00　※7/1～8/31は閉園を1時間延長
- 水曜日　※祝日の場合は翌日休園、8/12～8/15の水曜日は開園、要HP確認
- 大人：510円・小中学生：200円・幼児：無料
- 【JR高徳線】徳島駅前よりバスで40分／
  【JR高徳線】板野駅より車で5分、バスで15分
- あり（1300台）無料
- http://www.asutamuland.jp/

さぬきこどもの国

さぬきこどもの国は、様々な体験型の遊びを通して創造性や科学に親しむ心を養い、子どもたちの健やかな育ちをサポートする香川県唯一の大型児童館です。

高松空港に隣接するので、大空に飛び立つジェット機を間近に見ることができます。YS-11型航空機展示場や、飛行機をモチーフにした遊具も充実しています。スペースシアター（プラネタリウム）のほかにも、工作や実験などが体験できる4つの工房も人気で、県内外のファミリーに親しまれています。

「なるほど！ プラネタリウム」と題して、生解説で星空のお話をゆったりとお楽しみいただけるプログラムを定期的に投影しています。

DATA
- さぬきこどもの国
- 香川県高松市香南町由佐3209 TEL 087-879-0500
- 9:00～17:00（夏休み期間中 9:00～18:00）
- 月曜日（祝、休日の場合は翌日）、12/30～1/1、9月第1月曜日から4日間
- 大人：500円・高校生：300円・中学生以下：100円・4歳未満：無料
- 【JR】高松駅より車で35分、土・日・祝休日のみ高松空港よりシャトルバスあり
- あり（490台、大型車も駐車可）無料
- http://www.sanuki.or.jp/

ドーム直径／20m（傾斜型25度）
座席数／200席（一方向型）
プラネタリウム機種／（株）五藤光学研究所 GSS-HELIOS／VIRTUARIUM Ⅱ

新居浜市市民文化センター

市民文化センター別館は、1974年に竣工しました。以来、市民の皆様に多くのご利用をいただいております。現在プラネタリウムは、幼稚園・保育園対象に幼児番組（かぐや姫・七夕）を、一般向けには夏の星座を投影しております。投影期間は、6月、7月、8月の3カ月です。

プラネタリウム開館中は、親子星座教室が開催され、天体望遠鏡による月や土星の観察があります。親子で夜空を見上げて楽しく感動的な時を過ごされています。毎年多くの申し込みがあり、「楽しみにしています」との声をたくさんいただいております。

お子様にも大変わかりやすい内容なので、ご家族でご観覧いただけます。

ドーム直径／8m（水平型）
座席数／72席（同心円型）
プラネタリウム機種／コニカミノルタプラネタリウム（株）MS-8

DATA
- 新居浜市市民文化センター
- 愛媛県新居浜市繁本町8-65 TEL 0897-33-2180
- 10:00～、11:00～、14:00～、15:00～
- 日・月曜日、祝日
- 大人：60円・高校生：30円・小中学生、幼児：10円
- 【JR予讃線】新居浜駅より車で6分／【瀬戸内バス】市役所前下車、徒歩5分
- あり（160台）無料
- http://www.niihama.or.jp/

愛媛県総合科学博物館

常設展示は「自然館」「科学技術館」「産業館」の3つのゾーンで構成され、実物標本や体験装置を使って楽しく学ぶことができます。2012年3月には自然館がリニューアルされ、皮膚の質感や模様、動きまでリアルに再現された実物大の恐竜ロボットが誕生しました。また、世界最大級のドームスクリーンを持つプラネタリウムは、世界最高クラスの明るさを誇る光学式投影機の星の美しさと、全天に広がるデジタル映像の臨場感を併せ持ち、まるで宇宙空間に飛び出したかのような大迫力の番組が楽しめます。

宇宙空間に飛び出したかのような迫力のCG映像は必見！

DATA
- 愛媛県総合科学博物館（かはく）
- 愛媛県新居浜市大生院2133-2 TEL 0897-40-4100
- 9:00〜17:30（入館は17:00まで）
- 休：月曜日（第1月曜日は開館、翌火曜日休館、祝日の場合は直後の平日）
- ¥：大人：510円・小中高校生：260円・幼児：無料
- 【JR予讃線】新居浜駅または伊予西条駅よりバスで20分、またはタクシーで15分
- あり（320台）無料
- http://www.i-kahaku.jp/

ドーム直径／30m（傾斜型15度）
座席数／300席（一方向型）
プラネタリウム機種／
（株）五藤光学研究所
SUPER-HELIOS HYBRID／VIRTUARIUM Ⅱ

松山市総合コミュニティセンターコスモシアター

コスモシアターは、四国最大級のプラネタリウムです。頭上を取り巻くドームスクリーンは直径23m、プラネタリウム投影機などによる死角をつくることなく、どの席からでもよく見えるように、約30度傾いた構造になっています。
「キャラクター番組」や「ヒーリング番組」の全天周デジタル番組と、プラネタリウム「今夜の星空と季節の星座物語（光学式・生解説）」、デジタルプラネタリウム「季節の星空」など複数の番組を上映しています。

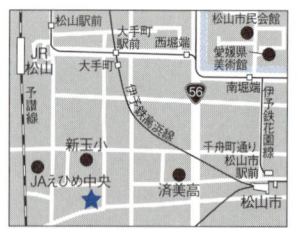

市内中心部にあり、JR・私鉄駅に近くて便利です。

ドーム直径／23m（傾斜型28度）
座席数／280席（一方向型）
プラネタリウム機種／
（株）五藤光学研究所
GSS-Ⅰ／Qシステム

DATA
- 松山市総合コミュニティセンターコスモシアター
- 愛媛県松山市湊町7-5 TEL 089-943-8228
- 9:00〜17:00 ※曜日により夜間も開館、レイトショーは曜日による
- 休：月曜日（ただし休日・祝日・夏休みは開館）
- ¥：高校生以上：400円・小中学生・幼児（4歳以上）：200円
- 【JR予讃線】松山駅より徒歩10分
- 【伊予鉄】松山市駅より徒歩10分
- あり（250台）有料 ※要問い合わせ
- http://www.cul-spo.or.jp/comcen/cosmo/index.html

全国プラネタリウムガイド 120

久万高原天体観測館

地元産のスギ・ヒノキをふんだんに使った城郭風の木造建築「星天城(せいてんじょう)」の中にプラネタリウムがあります。1992年に設置されたレトロな機械式投影機を使い、職員による生解説を1日に2～4回行っています(季節・曜日によって変更)。投影時間は約30分。プラネタリウムは有料ですが、星天城内の観覧は無料で、天体写真や隕石などの展示が見学できます。なお滞在型の観光施設「ふるさと旅行村」と同じ敷地内にあるため、貸別荘やキャンプ場での宿泊、食事、お土産の購入も可能です。

天文台の大望遠鏡で夜の星も併せてお楽しみ下さい。

DATA
- 久万高原天体観測館
- 愛媛県上浮穴郡久万高原町下畑野川乙488　TEL 0892-41-0110
- 13:00～17:00(平日)、10:00～17:00(土・日・祝日)
- 月曜日、祝日の翌日、年末年始
- 大人:500円・高校生、大学生:400円・小中学生、幼児:300円
- 【JR予讃線】松山駅よりバスで60分、「久万高原」下車、タクシーで10分
- あり(11台)無料
- http://www.kumakogen.jp/culture/astro/

ドーム直径／6m(水平型)
座席数／40席(一方向型)
プラネタリウム機種／
(株)五藤光学研究所 GEⅡ-T

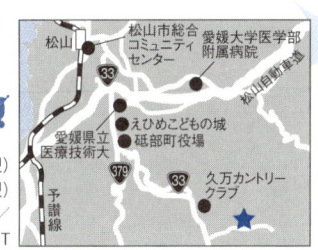

西予市三瓶文化会館

愛媛県南予地方で唯一の直径約6mのドーム型プラネタリウム施設です。施設は、西予市三瓶文化会館内にあり、プラネタリウム以外にも様々な催しものを開催しています。
プラネタリウム投影は、毎月第4土曜日(行事によって変更となる場合があります)の定期投影をはじめ、夏休みや文化祭などでは特別投影があり、無料となっています。また、10名以上の団体であれば、事前申請により定期投影以外の日程でも、特別投影が可能となっています。投影する番組は、夜の星空にあわせ、季節によって変更しています。

愛媛県南予地方で唯一のプラネタリウムです。

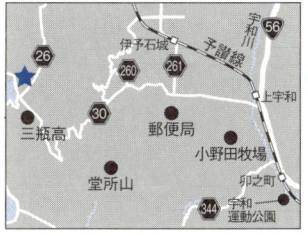

DATA
- 西予市三瓶文化会館
- 愛媛県西予市三瓶町朝立1番耕地337-13　TEL 0894-33-2470
- 9:00～22:00
- 12/28～1/4
- 無料
- 【JR予讃線】卯之町駅よりバスで30分
- あり(84台)無料

ドーム直径／6m(水平型)
座席数／40席(同心円型)
プラネタリウム機種／
コニカミノルタプラネタリウム(株)
MS-6

プラネタリウム機器の発達

アンティキティラ島の機械

1901年にギリシャの沈没船から、紀元前に作られた複雑な歯車の組み合わせで、天体運行を再現できる「アンティキティラ島の機械*1」が発見されました。近代のプラネタリウムの原型と言えます。

千代田光学1号機

最初のプラネタリウム

世界初のプラネタリウムは、1923年にドイツで誕生した「カールツァイス1型」です。4500個の恒星と5つの惑星の運行を再現することができました。日本では1937年に、大阪市立電気科学館（現：大阪市立科学館）に初めてプラネタリウムが設置されました。その20年後の1957年、千代田光学精工（株）（現：コニカミノルタプラネタリウム（株））が、初の国産プラネタリウムを完成させています。

このプラネタリウムは完成翌年の1958年9月から11月まで兵庫県の阪神パークで開催された科学大博覧会で一般公開されました。ドームの直径は現在でも大きい部類の20.5mで、その迫力は大反響を呼び、23万人が訪れました。

科学大博覧会（阪神パーク）

プラネタリウムの進化

さてプラネタリウムの機器はどのような進化を遂げてきたのでしょうか。それはプラネタリウムが投映できる星空の場所と時間の広がりと言えます。

初期の装置が投映できる星空は地球上の特定の緯度から見たものだけでした。

次にダンベル型（二球式*2）の登場で、地球上のどの地点からでも、歳差を含めて再現できるメカニズムにより、今から何万年もの過去や未来の星空を表現できるようになりました。さらに1978年には、自動演出装置が完成し、それまで場面ごとに手動で操作していた星の投映の完全自動化が実現しました。

1985年には一球式プラネタリウムが「つくば科学万博」に登場しました。一球式の最大の特長は、それまで本体と一体で機械駆動されていた惑星投映機を本体から分離してコンピューター制御することで、地球以外の太陽系の惑星から見た天体の動きを再現できるようになりました。機器も小さくなり本体に隠れて星が見えないといった問題も改善されました。

全国プラネタリウムガイド 122

これらのプラネタリウムでは解説に応じて、星座絵や星雲の写真などを投映するスライド投映機や星を指し示すポインターなどの補助投映機が活躍しました。

さて従来の光学式プラネタリウムは小さな穴の開いた「恒星原板」に光を当てて星を投映する方式のため、恒星の固有運動や太陽系の外から見た星を表現することはできません。これらを可能にしたのがデジタル投映装置です。

1993年ごろ魚眼レンズを用いた、全天デジタル投映装置が登場しました。

初期の映像はモノクロで線画など簡単なものだけでしたが、プロジェクターと光学技術の進歩により投映できる解像度は年々向上し、近年ではドームの直径方向に4,000〜8,000ピクセルを表示できるようになっています。ハッブル宇宙望遠鏡やすばる望遠鏡、チリのALMA電波望遠鏡など観測技術の進歩によって宇宙の構造が解明されると、太陽系をはるかに越えた銀河系の外から見た宇宙のシミュレーション映像を投映できるようになりました。デジタル投映機の出現により月面の詳細な映像や、惑星の表面、銀河の映像に加えてCGや風景も自由にドーム映像として楽しむことができます。

光学式が映し出す美しい星空と、全天周映像投映システムが描き出す映像とが相まって、新しいドーム映像空間が創り出されています。

*1) 参考：The Antikythera Mechanism Research Project ウェブサイト http://www.antikythera-mechanism.gr/
*2) 地球が公転する際にはコマが首を振るように自転軸が回る。歳差の周期は約25,800年。
*3) 恒星一つ一つの固有の動きで、これにより10万年単位では星座の形が変わってくる。

最近は4Kデジタル動画が撮れるカメラの出現により、自然映像や国際宇宙ステーションからみたオーロラなど多彩な映像が上映できるようになり、科学の学習の理解が進むとともに、エンターテインメントとしての広がりも見せています。

ダンベル型（二球式）のプラネタリウム

光学式とデジタル式を併用したプラネタリウム

コニカミノルタプラネタリウム株式会社

プラネタリウムの総合メーカーとして、投映機器の開発・製造からコンテンツ制作、施設建設・運営までをトータルに手がけるとともに、直営館である"満天"（P.54）と"天空"（P.55）を通じて常に新しいプラネタリウムの楽しみ方を追求、発信しています。

プラネタリウムは元々、ドームの中央にある投映機を指していました。しかし最近では、プラネタリウム投映機だけでなく、各種映像機器や音響装置、ドームスクリーンやリクライニングシートなどの全てをまとめてプラネタリウム（施設）と言うことが一般的になっています。

プラネタリウム（Planetarium）は、惑星の運行を司る Planet と、空間を表す Arium が合成されて出来た言葉ですが、今では、惑星の運行よりも〝星空〟がとても重要な要素となっています。実際の星空では、恒星自らの明るさや、地球までの距離によって星の明るさ（等級）が変わりますが、プラネタリウムでは明るさの違い（等級差）を表すために、恒星原板に穿たれた小さな穴の面積を変えることよって表しています。即ち、明るい星は穴を大きく、暗い星は穴を小さく穿っています。しかし、明るい星の穴を大きくしてしまうと、実天とはまるで異なる「ぼた餅」のような星となってしまいます。そこで、最新のプラネタリウム投映機では、恒星原板の穴をより小さく、ミクロン単位で穿ち、それを高性能のレンズを通して投映することで、実際の星空と同じように投映しています。最新機種では、天の川を形作る星の一つ一つを全て実際に観測された星のデータによって構成し、星の数が1億個を越える機種も登場しています。星空は1つの投映筒で投映するのではなく、複数の投映筒によって全天を分割して投映されます。例えば、サッカーボールの32面体のように、5角形と6角形の各面で星空を構成するように投映筒が設けられています。ドームスクリーン上の星空にはつなぎ目は見ることが出来ませんが、投映機上では星空は分割されています。また、光源にも工夫が必要です。実際の星空と異なり、プラネタリウムの星の色は光源の光のスペクトル（色温度）に影響されてしまいます。現在は、LED光源を使うことにより、明るく、美しく、実天の標準的な恒星に近い色の星を作ることが出来るようになりました。プラネタリ

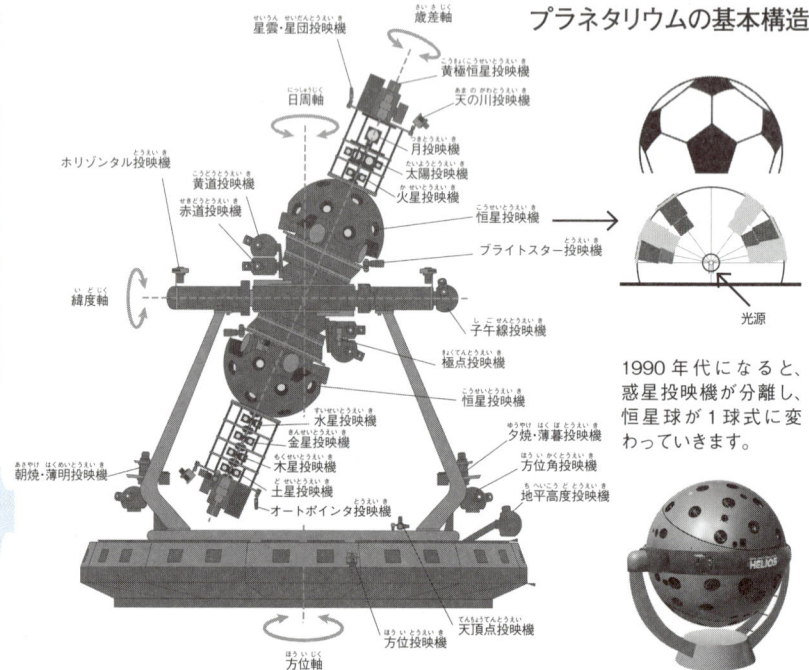

光学、精密加工、制御技術などが組み合わさってプラネタリウムは作られる

プラネタリウムの基本構造

※投映機各部名称（ラベル）：
歳差軸、星雲・星団投映機、黄極恒星投映機、日周軸、天の川投映機、月投映機、ホリゾンタル投映機、黄道投映機、太陽投映機、赤道投映機、火星投映機、恒星投映機、ブライトスター投映機、緯度軸、子午線投映機、極点投映機、恒星投映機、水星投映機、夕焼・薄暮投映機、金星投映機、方位角投映機、朝焼・薄明投映機、木星投映機、地平高度投映機、土星投映機、オートポインタ投映機、天頂点投映機、方位投映機、方位軸

光源

1990年代になると、惑星投映機が分離し、恒星球が1球式に変わっていきます。

ウムは疑似体験装置ではありますが、本物の星空と見間違う程の美しく、儚く、綺麗な星空を投映することができます。

左：1960年、コネチカット州ブリッジポート博物館に納入されたM-1型プラネタリウム。スクリーンの下部が影絵のようになっています。

下：現在の風景の投映

初期のプラネタリウム

初期のプラネタリウムでは、ドームスクリーンの下部周囲に設けられた影絵のような風景と共に、プラネタリウム解説員が星空や天文現象の紹介を行いながら、ギリシャ神話や宇宙開発の話題をスライド映像で説明していました。しかし最近は、スライド投映機の衰退とコンピュータ技術の発達により、星空以外の風景や映像、文字や星座絵、星座線などをビデオプロジェクターにより投映しています。

ドームスクリーンにはアルミの板が用いられることが多く、表面には吸音のために小さな孔が空いています。これは、ドームスクリーンの反射を抑え、音が反響しないように工夫されています。また、ドームスクリーン裏にはスピーカーが数多く設置されています。星空解説の時には、解説員の言葉をBGMと共に観客に届け、ロケットの発射の様子を投映する時には、迫力ある重低音を室内一杯に響かせることが出来ます。

プラネタリウム施設の形状

プラネタリウム施設の形状には2種類あります。一つは水平型プラネタリウム、もう一つは傾斜型プラネタリウムです。元々、プラネタリウムは水平型プラネタリウムでした。お椀を上から伏せたような形状で、観客は地面に寝転がって上を見上げるような形です。それに対して傾斜型プラネタリウムは1980年代から登場した新しい形です。我々が宇宙空間に出たとするならば、星空は上だけでなく下にも見える筈という考えから、座席を階段状に配置して、まるで丘の上から見下ろすかのような形状のプラネタリウムです。どちらのプラネタリウムにも良さがありますので、是非、見比べてみてください。

プラネタリウム用の座席は通常よりもリクライニングするように作られています。勿論、室内には観客が座る場所が必要です。プラネタリウムの中で音楽会や講演会が開催されることも少なくありません。最近では、プラネタリウムの中で音楽会や講演会が開催されることも少なくありません。前方のステージを見る時はシートの背を立てて、スクリーンを眺める時は背を寝かせることで、楽な姿勢で楽しむことが出来るように工夫されています。

多摩六都科学館
「ケイロンⅡ・ハイブリッド」

傾斜型プラネタリウムでは客席が階段状になっていて星空と共に、音楽会や講演会を催すことが行われています。

明井英太郎
Eitaro Akai 株式会社五藤光学研究所　クリエイティブカンパニー長

学生時代には仲間と自作したプラネタリウムで地元の公民館や学校で星空解説を行い、プラネタリウムに携わりたくて株式会社五藤光学研究所に入社。施設の企画、設計、納入、運営プラン作りに携わり、これまでに関わったプラネタリウムは100を超える。

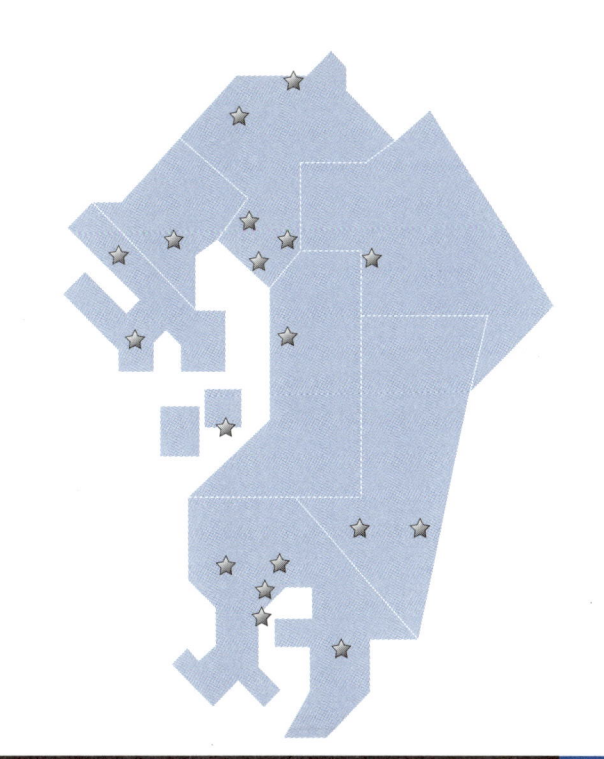

九州・沖縄

北九州市立児童文化科学館

北九州市立児童文化科学館は、1960年に開館以来、多くの北九州市民に親しまれてきました。常設展示や企画展、各種教室などを通じて、子どもたちの科学や文化への興味を育ててきました。

プラネタリウムのある天体館は1970年にオープンし、現在は2代目の投映機が活躍しています。小さなお子様からお楽しみいただける一般投映だけでなく、「字幕付き投映」や「星空CDコンサート」、解説員がじっくり星や宇宙の話題を紹介する「星空ライブアワー」などの特別投映もございます。

解説員がライブでお届けする「今夜の星空」もお楽しみください！

DATA
- 北九州市立児童文化科学館
- 福岡県北九州市八幡東区桃園3-1-5　TEL 093-671-4566
- 9:00～17:00（入館は16:30まで）
- 月曜日（祝日の場合は翌日）年末年始
- 大人：300円・中高校生：200円・小学生：150円・幼児：無料
- 【JR鹿児島本線】黒崎駅よりバスで「市立児童文化科学館前」下車、徒歩5分
- あり（桃園公園駐車場：100台）無料
- www.city.kitakyushu.lg.jp/shisetsu/menu06_0013.html

ドーム直径／20m（水平型）
座席数／302席（一方向型）
プラネタリウム機種／
（株）五藤光学研究所 G1920si

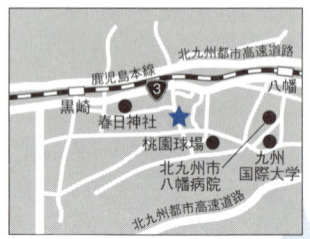

宗像ユリックス総合公園

美しい星空と高精細な映像で、星空や天文現象、最新の宇宙の姿を詳しく紹介しています。

「おとな向け」「こども向け」「リラクセーション」の対象や内容の異なる3つのプログラムを用意しています。どのプログラムでも、実際の夜空で星座や天体が見つけられるよう、解説員が当日の星空を紹介しています。

また「おとな向け」と「こども向け」では、季節毎に内容・お話（ショートストーリー）が変わります（年4回）。

プラネタリウムを見て本物の星空を楽しんで下さい。

ドーム直径／12m（水平型）
座席数／80席（扇型）
プラネタリウム機種／
Carl Zeiss　SKYMASTER ZKP4
（株）アストロアーツ STELLA DOME PRO
（株）オリハルコンテクノロジーズ
　SCISS Uniview

DATA
- 宗像ユリックス総合公園（宗像ユリックスプラネタリウム）
- 福岡県宗像市久原400　TEL 0940-37-2394
- 9:00～17:30（電話受付時間）
- 月曜日（祝日の場合は翌平日）、12/28～1/4、8/13～15
- 大人・高校生：370円・小中学生：150円・幼児：100円
- 【JR鹿児島本線】東郷駅より徒歩30分
- あり（1200台）無料
- http://hosizora.com/

福岡県青少年科学館

当館のプラネタリウムは日本最大級の23mのドームです。光学式恒星投影機とレーザープロジェクターによるハイブリッド式プラネタリウムです。

光学式のケイロンでは1000万個を超える星々を再現し、リアルな星空をドームいっぱいに映し出します。また、レーザープロジェクターでは4000×4000ピクセルの高解像度とレーザー特有の豊かで繊細な色彩を実現した映像で、宇宙空間を漂うような体感ができます。

また、月に一度観望会を実施しています。プラネタリウムと望遠鏡での月や惑星の観望を楽しむことができます。

1000万個の星々の美しい煌めきをお楽しみください。

DATA
- 福岡県青少年科学館（コスモシアター）
- 福岡県久留米市東櫛原町1713　TEL 0942-37-5566
- 9:00～16:30（平日）、9:30～17:00（土・日・祝日）
- 月曜日（祝日の場合、翌日休館）
- 大人：600円・小中高校生：300円・4歳未満、65歳以上：無料
- 【西鉄】久留米駅より徒歩15分、櫛原駅から徒歩10分、【JR鹿児島本線】久留米駅からバスで「青少年科学館前」下車
- あり（131台）無料
- http://www.science.pref.fukuoka.jp/

ドーム直径／23m（傾斜型30度）
座席数／250席（扇型）
※ベビーカー：入口預かり
プラネタリウム機種／
（株）五藤光学研究所
CHIRON／VIRTUARIUM Ⅱ LASER

星の文化館

星空の美しい奥八女の高台に位置する星の文化館は、福岡県最大の望遠鏡を備えた宿泊もできる天文台です。

館内には直径5mのプラネタリウムがあり、コニカミノルタ社製の単眼式フルカラーデジタルプラネタリウム「メディアグローブ」で30分ごとに「本日の星空」と大人様子ども様など観覧されるお客様に合わせた様々な番組をご覧頂いています。

プラネタリウムとしては小規模ですが、プロジェクターも備えており、大型望遠鏡と合わせて昼夜問わず総合的に星空学習をおこなえる施設となっています。

施設内には福岡県最大の望遠鏡を備えた天文台があります。

ドーム直径／5m（水平型）
座席数／27席（一方向型）
プラネタリウム機種／
コニカミノルタプラネタリウム（株）
MEDIAGLOBE

DATA
- 星の文化館
- 福岡県八女市星野村10828-1　TEL 0943-52-3000
- 10:30～22:00　※雨天の場合レイトショーあり
- 春の大型連休、夏・冬休みを除く火曜日
- 中学生以上：500円・小学生：300円・幼児：100円
- 【JR鹿児島本線】羽犬塚駅より車で1時間
- あり（35台）無料
- http://www.hoshinofurusato.com

大牟田文化会館

JR、西鉄「大牟田駅」から徒歩5分程の良アクセスに位置。土・日・祝日と学校の長期休み期間は、季節の星空解説と番組を合わせて1日3回投影をおこなっています。平日は5名様以上の団体で予約投影をおこなっており、30名様以上は団体割引があります。地域の歴史や文化を題材にしたオリジナル番組が好評です。また、プラネタリウムを会場にしたライブコンサートなど、星空と音楽を楽しむ催しや、満天の星を存分に楽しんでいただくリラクセーションを目的とした投影など、大人向けの特別投影も不定期に開催しています。

光学式プラネタリウムの持ち味
シャープな星像

DATA
- 大牟田文化会館
- 福岡県大牟田市不知火町2-10-2 TEL 0944-55-3131
- 9:00～22:00
- 第2、4月曜日(祝・休日の場合翌日)、12/29～1/3
- 大人：310円・高校生：210円・小中学生・幼児(4歳から)：100円
- 【JR鹿児島本線・西鉄】大牟田駅より徒歩5分
- あり(150台)無料
- http://www.omuta-bunka-kaikan.or.jp/

ドーム直径／12m(水平型)
座席数／120席(一方向型)
プラネタリウム機種／
コニカミノルタプラネタリウム(株)
MS-10AT

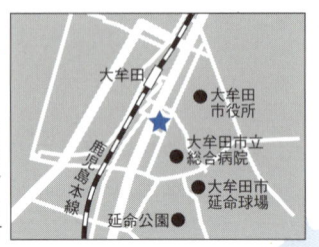

佐賀県立宇宙科学館

「楽しく体験する」科学館として1999年に開館。天文・宇宙をはじめ自然科学・科学技術へのきっかけ作りの活動を、地球・佐賀・宇宙の3ゾーンで展開。開館16年を迎え、展示アイテムを一部リニューアルしました。プラネタリウムや天文台、大型水槽も備えています。プラネタリウムは2012年3月にリニューアル、デジタル化とともに、地上で見ることのできる星空に限りなく近い星空を再現。2015年は座席を新しくし、より快適に。新しくなった《ゆめぎんが》にどうご期待！

夢は銀河を越えて。果てなき
宇宙への冒険へ出発！

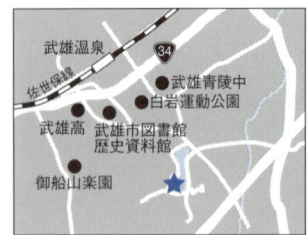

ドーム直径／18m(水平型)
座席数／200席(一方向型)
※ベビーカー：入口預かり
プラネタリウム機種／
コニカミノルタプラネタリウム(株)
INFINIUM yⅡ／SUPER MEDIAGLOBE-Ⅱ
／DYNAVISION-4K

DATA
- 佐賀県立 宇宙科学館(ゆめぎんが)
- 佐賀県武雄市武雄町永島16351　武雄温泉保養村内 TEL 0954-20-1666
- 平日9:15～17:15、土・日・祝日9:15～18:00、春休み、GW期間、夏休み9:15～19:00　※レイトショーは毎週土曜日
- 月曜日(祝日の場合は翌日)、12/29～12/31
- 大人：510円・高校生：300円・小中学生：200円・幼児：100円
- 【JR佐世保線】武雄温泉駅からバスで「永島バス」下車、徒歩15分。または車で10分
- あり(500台)無料
- http://www.yumeginga.jp/

佐世保市少年科学館

2010年、佐世保市総合教育センター内に子どもたちの科学教育を推進するために開館しました。
プラネタリウム室は延面積122.25m²、ドーム内径8.0mです。規模としては大きいほうではありませんが、プラネタリウムはデジタル式全天周投映機「バーチャリウムⅡ HD」を採用しており、一度に12万個もの星を映し出すことが可能です。惑星が迫ってくるようなダイナミックな映像は宇宙空間を旅しているような感覚を味わうことができます。また、星座絵にはプラネタリウム映像クリエーターのKAGAYA氏の作品を採用しています。

**惑星が迫ってくるような
ダイナミックな映像は圧巻！**

DATA
- 佐世保市少年科学館（星きらり）
- 長崎県佐世保市保立町12-31　TEL 0956-23-1517
- 9:00～17:00　※年に数回レイトショーあり
- 火曜日、祝日（こどもの日を除く）、12/29～1/3
- 高校生以上：310円・小中学生　幼児：150円・3歳以下：無料
- 【JR佐世保線】佐世保駅より「総合教育センター前」行きバスで15分
- あり（93台）無料
- http://www.city.sasebo.lg.jp/kyouiku/syonen/kagakukan/index.html

ドーム直径／8m（水平型）
座席数／68席（一方向型）
※車いす2～3台OK、ベビーカー：入口預かり
プラネタリウム機種／
（株）五藤光学研究所 VIRTUARIUM Ⅱ

長崎市科学館

1997年に科学に関する教養を高め、長崎の自然についての理解を深めることを目的に開館した施設です。プラネタリウムは2014年3月にリニューアルを行い、光学式プラネタリウム「ケイロンⅡ」を導入。これは1億4000万個の星を投影できるなど、世界で最も先進的なプラネタリウムということで世界一に認定されています（2014年現在）。また4K×4Kのデジタル式プラネタリウム「バーチャリウムⅡ」を導入し、迫力のある映像と星空のコラボレーションも見ることができます。一般向け番組のほか、幼児向け、学習向け番組も用意。幅広い年代の方にお楽しみ頂けます。

**世界一にも認定された
プラネタリウムをご体験下さい。**

DATA
- 長崎市科学館（スターシップ）
- 長崎県長崎市油木町7-2　TEL 095-842-0505
- 9:30～17:00　※月に2回レイトショーあり
- 月曜日、年末年始ほか
- 高校生以上：510円・小中学生、幼児：250円
- 【JR長崎本線】長崎駅よりバスで「護国神社裏」下車すぐ、または路面電車「大橋」下車、徒歩10分
- あり（222台）無料
- http://www.nagasaki-city.ed.jp/starship/

ドーム直径／23m（傾斜型15度）
座席数／234席（一方向型）
プラネタリウム機種／
（株）五藤光学研究所
CHIRON Ⅱ／VIRTUARIUM Ⅱ

熊本博物館

美しい星空　光源に高輝度LEDを使用し、星の明るさや色の違いを精密に再現しています。6・5等星までの約9500個の星を美しく投映します。

ダイナミックな映像　全天周映像システムを用いて、ドーム全体に大迫力の映像を投映します。

快適な体験空間　座席幅が大きく、長時間でも疲れず、心地よく星空を眺めることができます。また、多くの方に快適にご覧いただけるよう、次の設備を備えています。

・車いすスペース（2台分）
・ベビーカー収納場所（2カ所）

※2015年度は7月よりリニューアル工事のため全館休館となります。

投映の前半は星空生解説、後半は映像番組。

DATA
- 熊本市立熊本博物館（熊本博物館）
- 熊本県熊本市中央区古京町3-2
  TEL 096-324-3500
- 9:00～17:00
- 月曜日（祝日の場合は翌日）、12/29～1/3
- 高校生以上：200円・小中学生、幼児：100円
- 【JR鹿児島本線】熊本駅よりバス「交通センター」下車、徒歩15分
- なし
- http://www.webkoukai-server.kumamoto-kmm.ed.jp/web/index.shtml

ドーム直径／16m（水平型）
座席数／180席（一方向型）
プラネタリウム機種／
（株）五藤光学研究所
CHRONOS II／VIRTUARIUM II

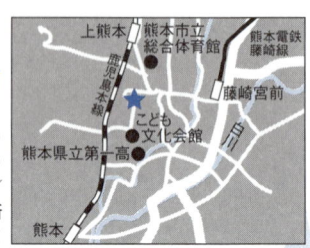

上天草市立ミューイ天文台

味のあるレトロなピンホール式プラネタリウムで、天文台職員により毎回生解説上映。

小さなプラネタリウムですが、お子様連れでもお楽しみいただける雰囲気にて、季節の代表的な星座などをご案内します。ただし、プラネタリウムは、望遠鏡観測がおこなえない悪天候時にのみの上映となります。天候がよい時は、昼は太陽の黒点観測、夜は大型望遠鏡による天体観測を実施。館内にて、夜光星座絵のホールでオリジナルビデオもお楽しみいただけます。

天気の良い日は、望遠鏡での観測、悪天候でもプラネタリウムがかわりに楽しめます。

ドーム直径／5m（水平型）
座席数／30席（同心円型）
※エレベーターなし
プラネタリウム機種／
（株）五藤光学研究所　E-5

DATA
- 上天草市立ミューイ天文台
- 熊本県上天草市龍ヶ岳町大道3360-47
  TEL 0969-63-0466
- 13:00～21:00
- 月曜日（祝・休日は除く）、年末年始
- 高校生以上：400円・小中学生：200円・幼児：無料
- 【九州自動車道】松橋ICから車で1時間50分
- あり（20台）無料
- http://ryugatake.net/

全国プラネタリウムガイド　132

大分県立社会教育総合センター 九重青少年の家

九重青少年の家プラネタリウム室は、定員140名の広さを誇っています。設置後30年を経過した古い光学式プラネタリウムですが、直径12mのドームに映し出される星々は、思わず「わー、きれい!」と声がこぼれるほどの輝きを放っています。

園児から大人まで楽しめる30分～40分の番組を中心に、5分～10分の所員手作りの動画もおりまぜながら上映しています。また、晴天の時には、天体ドームの200mm天体望遠鏡を使った木星や土星の観察も可能です。

プラネタ鑑賞のあとは
天体ドームで実天観測もできます。

DATA
- 大分県立社会教育総合センター九重青少年の家（九重青少年の家）
- 大分県玖珠郡九重町大字田野204-47 TEL 0973-79-3114
- 8:30～17:15（宿泊団体については～21:00）※レイトショーは要問い合わせ
- 12/29～1/3
- 宿泊団体は無料、その他については要問い合わせ
- 【JR久大本線】豊後中村駅よりバスで「九重少年自然の家前」下車。約40分
- あり（100台）無料
- http://kyouiku.oita-ed.jp/kokonoe/index.html

ドーム直径／12m（水平型）
座席数／140席（一方向型）
プラネタリウム機種／
コニカミノルタプラネタリウム（株）
MS-10

宮崎科学技術館

宮崎科学技術館のシンボル、高さ約40mの「H-Iロケット」の実物大模型が目印です。展示室には日本に1つしかないアポロ計画（11号）で使用された月面着陸船イーグル号の実寸大模型を見ることができます。約100点の展示物は大人も子どもも一緒に楽しめる展示が多く、1日ゆっくりとお楽しみいただけます。

プラネタリウムは世界最大級の大きさを誇り27mのドームに映し出される星空と映像は圧巻です。

九州最大のプラネタリウムで
満点の星空を見上げましょう!

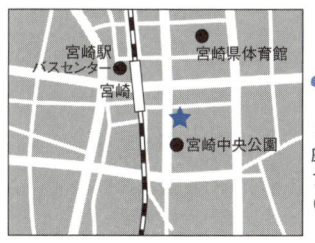

ドーム直径／27m（傾斜型10度）
座席数／280席（一方向型）
プラネタリウム機種／
（株）五藤光学研究所
SUPER-HRLIOS／VIRTUARIUM X

DATA
- 宮崎科学技術館（コスモランド）
- 宮崎県宮崎市宮崎駅東1-2-2 TEL 0985-23-2700
- 9:00～16:30 ※入館は閉館の30分前まで
- 月曜日（祝・休日は除く）、祝日の翌日（土・日・祝・休日は除く）、12/29～1/3
- 高校生以上：750円・小中学生：310円・幼児（3歳以下）：無料
- 【JR日豊本線】宮崎駅より徒歩2分
- あり（40台）無料
- http://cosmoland.miyabunkyo.com

たちばな天文台

星空の美しい街日本一に選ばれたのをきっかけに建設されたこの天文台には、プラネタリウムも併設されています。

特徴としては、ドーム内に椅子はなく全国でも珍しい「横になって楽しめる」プラネタリウムです。しかも、職員手作りのオリジナル番組を投影で季節ごとの星空や月や惑星の動き、天体現象などは職員が撮影した写真を使って生解説でのご案内です。

晴れたときはもちろん生の星空を望遠鏡で眺めながら楽しんで頂くことになっています。

晴れた日の夜は満天の星空を楽しんで頂きます。

DATA
- たちばな天文台
- 宮崎県都城市高崎町大牟田1461-22 TEL 0986-62-4936
- 10:00～15:00、19:00～22:00（夜は金・土・祝前日のみ）平日、日曜は要予約
- 休：木曜日（祝日の場合は、前日）
- ¥：中学生以上：310円・小学生：100円・未就学児：無料　大人20名以上250円
- 駅：【JR吉都線】高崎新田駅より徒歩20分　【宮崎自動車道】高原ICより車で15分
- あり（30台）無料
- http://www.laspa-takazaki.jp/tenmondai/tachibana-tenmondai-index.html

ドーム直径／5m（水平型）
座席数／寝て見る
プラネタリウム機種／
（有）天窓工房 Stella-Studio.100

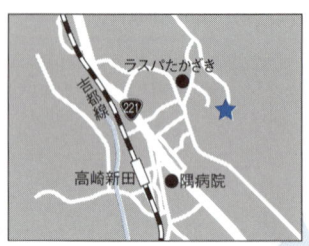

スターランド AIRA

姶良市の北部、山里にある天文施設です。口径40cmの大型望遠鏡とプラネタリウムを備えています。

プラネタリウム番組は、季節ごとにオリジナル番組を投影しています。週末の夜間開館日には、プラネタリウム番組内で登場した星座や星々を、実際の星空でご案内しています。また、昼間には、望遠鏡による明るい恒星や金星などの惑星の観察、太陽望遠鏡による黒点などの観察ができます。スターランドAIRAは、その立地条件を活かし、プラネタリウム番組内映像だけでなく、実際の星空を体験できる施設です。

プラネタリウムと本物の星空を楽しむことができます。

ドーム直径／6m（水平型）
座席数／40席（一方向型）
プラネタリウム機種／
（株）五藤光学研究所 GEⅡ-T

DATA
- スターランドAIRA
- 鹿児島県姶良市北山997-16 TEL 0995-68-0688
- 9:00～16:30（水～金曜日）、13:00～21:00（土、日曜日）
- 休：月、火曜日（祝日は開館）、25日（土、日曜日の場合は開館）、12/28～1/4
- ¥：大人：210円・小中高校生：100円・幼児：無料
- 駅：【九州自動車道】姶良ICより車で30分
- あり（30台）無料
- http://www.synapse.ne.jp/starlandaira/

全国プラネタリウムガイド　134

薩摩川内市立少年自然の家

薩摩川内市立少年自然の家は、豊かな自然にも恵まれた市の中央に位置する寺山に設けられた市民の憩いの場として親しまれている寺山いこいの広場（せんだい宇宙館、花木園・運動広場・フラワーガーデン・ゴーカート場）に隣接しています。

少年自然の家は、標高230mの高地にあり、眼下には九州新幹線や肥薩おれんじ鉄道の車両が勇壮に走行する姿を見ることができ、さらに夜景の美しい薩摩川内市街地・雄大な流れの川内川を望み、遠くは東シナ海に浮かぶ甑島や紫尾山・霧島山系も見ることができます。

利用者のニーズに応じて上映できる市民に親しまれているプラネタリウムです。

DATA
- 薩摩川内市立少年自然の家（てらやまんち）
- 鹿児島県薩摩川内市永利町2133-15
  TEL 0996-29-2114
- 9:00～17:15
- 月曜日
- 研修施設使用料（大人：150円・児童、生徒：100円）
- 【JR鹿児島本線】川内駅より車で8分
- あり（60台）無料
- http://www.edu.satsumasendai.jp/shizen/

ドーム直径／8m（水平型）
座席数／58席（一方向型）
プラネタリウム機種／
（株）五藤光学研究所 GS-AT

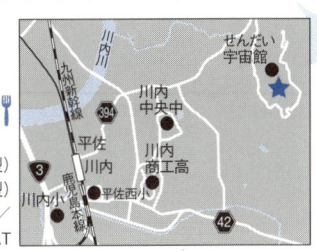

鹿児島県立博物館プラネタリウム

鹿児島市の宝山ホール（県文化センター）の4階に、鹿児島県立博物館プラネタリウムはあります。ここは博物館別館となっており、プラネタリウムのほかに、恐竜化石や県内産・南米産の化石を展示した化石展示室があります。

プラネタリウム番組は、四季の星空案内や星にまつわる創作星物語などのオリジナル番組を投映しています。団体の場合には、幼児向けの幼児投映や小学生・中学生を対象とした学習投映も行っています。

また、毎月第2・第4日曜日には「天文教室」を実施しています。

年間4本のオリジナル番組を投映しています。

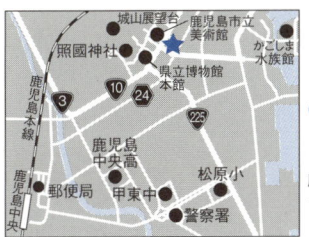

ドーム直径／10m（水平型）
座席数／85席（同心円型）
プラネタリウム機種／
（株）五藤光学研究所 GX-10AT

DATA
- 鹿児島県立博物館プラネタリウム
- 鹿児島県鹿児島市山下町5-3
  宝山ホール（県文化センター）4F
  TEL 099-223-4221（内線241）
- 9:00～17:00
- 月曜日（祝日の場合翌日）、年末年始
- 高校生以上：200円・小中学生：110円・幼児：無料
- 【JR鹿児島本線】鹿児島中央駅より市電で「朝日通り」下車、バスで「金生町」下車、徒歩5分
- なし
- http://www.pref.kagoshima.jp/hakubutsukan/

鹿児島市立科学館

もっと科学がおもしろくなる、もっと鹿児島が好きになる。

宇宙劇場では満天の星々が輝く「プラネタリウム」と世界最大のフィルムを使用した大型映像「ドームシネマ」と入れ替え制で上映しています。「プラネタリウム」は通常45〜50分程度の投影時間で、前半の約20分が宇宙劇場担当者による当日の星空紹介、後半が季節ごとに内容が変わるテーマ番組という組み合わせ。

約1000万個の星が投影できる光学式投影機「ケイロン」と臨場感あふれる映像を映し出すレーザープロジェクターを融合させたハイブリッドプラネタリウムは見るものを惹きつけます。上映時刻：①10：10〜 ②13：10〜 ③15：10〜

DATA
- 鹿児島市立科学館（ビッグアイ）
- 鹿児島県鹿児島市鴨池2-31-18　TEL 099-250-8511
- 9:30〜18:00（入館は17:30まで）
- 火曜日（祝日、1/2、1/3の場合は翌平日）、12/29〜1/1
- 高校生以上：500円・小中学生：200円・幼児：無料（座席を使用の場合200円）※別途入館料が必要
- 【JR鹿児島本線】鹿児島中央駅より市電2系統「郡元電停」下車、徒歩10分
- あり（380台）無料（3時間を超える場合有料）
- http://www.k-kb.or.jp/kagaku

ドーム直径／23m（傾斜型30度）
座席数／286席（一方向型）
プラネタリウム機種／
（株）五藤光学研究所 CHIRON／
VIRTUARIUM Ⅱ LASER

リナシティかのや　情報プラザ

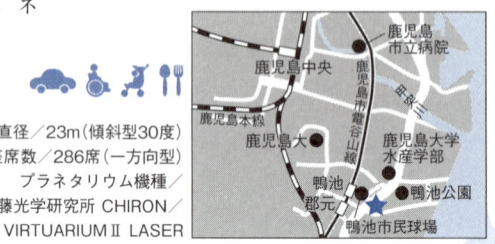

コンパクトな分、映像や音響も鮮明に楽しむ事ができます。

リナシティかのやは鹿児島県の大隅半島の中心部に位置する2007年に完成した鹿屋市の複合交流施設です。コンパクトなプラネタリウムのほかにも、コンサートや講演会ができる400名収容のホールや映画館、絵画の展示会などに設備の整ったギャラリー、室内スポーツのできるフィットネスホール、各種会議室やパソコン教室用の部屋や茶室など、用途に応じていろいろな設備があります。

内之浦や種子島からのロケット打上を中継したり、外では宇宙に飛んでいく姿を直接見ることができる場合もあります。

ドーム直径／6.5m（傾斜型15度）
座席数／26席（扇型）
プラネタリウム機種／
（株）リブラ HAKONIWAシステム

DATA
- リナシティかのや　情報プラザ（リナシティかのや　情報プラザ　プラネタリウム）
鹿児島県鹿屋市大手町1-1
- TEL 0994-35-1002
- 9:00〜22:00（最終投映19:30〜）
- なし（12/29〜1/3は17:00閉館）
- 大人：110円・高校生以下：無料（特別番組　大人：200円・高校生以下：無料）
- 【東九州自動車道→大隅縦貫道】笠之原ICより車で10分
- あり（95台）無料（4時間を超える場合有料）
- http://www.info.kanoyashimin.jp/

全国プラネタリウムガイド　136

海洋文化館プラネタリウム

海洋文化館は、1975年の「沖縄国際海洋博覧会」で、「海――その望ましい未来」をテーマに政府が出展した展示館です。アジア・南太平洋地域の海洋民族の歴史や文化を保存し、伝えています。

海洋文化館プラネタリウムは2013年にリニューアルオープンしました。

最大恒星数1億4000万個の美しい星空がドームスクリーンに映し出されるプラネタリウムや、季節ごとに移り替わる沖縄の夜空の星を創作民話とともに紹介するオリジナル番組などを上映しています。

リクライニングの座席で最高の星空をお楽しみください。

DATA
- 海洋文化館プラネタリウム
- 沖縄県本部町石川424　海洋博公園内
  TEL 0980-48-2741（代表）
- 8:30～17:30（10～2月）、8:30～19:00（3～9月）
- 12月第1水曜日とその翌日
- 高校生以上：170円・小中学生：50円・6歳未満：無料　※20人以上の団体は、高校生以上80円・小中学生30円
- 那覇空港から高速バスで3時間、一般路線バス3時間半、やんばる急行バス2時間20分
- あり（347台）無料

http://oki-park.jp/kaiyohaku/inst/35

ドーム直径／18m（水平型）
座席数／189席（一方向型）
※車いすスペース3台を含む
プラネタリウム機種／
（株）五藤光学研究所
CHIRON HYBRID

那覇市牧志駅前ほしぞら公民館

沖縄最大の市街地、那覇市国際通りにある当プラネタリウムでは生解説を含むオリジナル番組の投影を行っています。解説をしながら手動操作を行う季節の星空解説では、解説員の持ち味を活かしつつ、老若男女の皆様が楽しめる投影をしています。

モノレール牧志駅から徒歩2分と交通の便がよくバリアフリーです。月、火、祝日、年末年始休演。ほかに機械点検のため休演あり。幼児向け投影もあります。内容と時間を事前にご確認の上、お越し下さい。

大人も子供もめんそーれ！
冬はカノープス、春は南十字星が見える、沖縄の星空ここにあり！！

ドーム直径／12m（水平型）
座席数／84席（扇型）
プラネタリウム機種／
（株）五藤光学研究所
CHRONOSⅡ／VIRTUARIUMⅡ

DATA
- 那覇市牧志駅前ほしぞら公民館（ほしぞら公民館）
- 沖縄県那覇市安里2-1-1
  TEL 098-917-3443
- 9:00～21:00
- 月曜日、火曜日
- 大人：200円・高校生：150円・小中学生：100円・幼児：無料
- 【ゆいレール】牧志駅から2分
- あり（140台）有料　※要問い合わせ

http://naha-kouminkan.city.naha.okinawa.jp/kum-kou/home/h24nahagin.pdf

プラネタリウムからドームシアターへ
― 地域の文化活動の拠点として ―

天文学がいま旬を迎えています。人類の根源的な問いでもある「私たちはどこから来てどこに行こうとしているのか？」、「私たちは何者で、宇宙には私たちのような生命が住む星は他にあるのか？」という二大テーマが解き明かされそうとしています。すばる望遠鏡やALMAなどが成果を挙げ、人類の本質的な問いかけに対して我が国も国際貢献が可能な時代に入りました。基礎科学のビッグプロジェクトの遂行を幅広い国民層が理解し、その発展を望む時代へと日本もようやく欧米に追い付いてきたのです。

この国民意識の高まりに寄与してきたことは何でしょうか？　私の周囲では、子どもの頃にプラネタリウムを見た経験を科学への関心の始まりとして挙げる人も多くいます。現在、国内には350館を超えるプラネタリウム施設があり、年間の観客数はサッカーJ1の観客数、約500万人を大きく超え約900万人と推定されています。

そもそも、プラネタリウムとは惑星の動きを再現するための装置ですが、現在では「地球上のあらゆる場所から見る恒星や惑星、月、太陽などの諸天体をドーム状のスクリーンに映し出す装置またはその装置を設置した部屋」と理解されています。さらに、近年の投影技術のデジタル化、コンピュータ化によって、プラネタリウムは天文現象のみならず、森羅万象あらゆるものをドーム空間に可視化できる装置およびドームシアターへと進化しつつあるのです。天文学に限らず国内各地の科学館は科学教育・科学コミュニケーションの重要な拠点であり、地域住民や子どもたちの科学への関心を高める上で、他の文化活動同様に地域のドームシアターがその役割の一端を担っていくことがとても重要です。

国立天文台では、2001年から4次元デジタル宇宙（4D2U）プロジェクトを開始し、ドーム空間における立体視映像の可能性を追求してきました。4D2Uの成果として、国立天文台三鷹本部に2006年に設置された4D2Uドームシアターのほか、2007年、2008年に相次いで科学技術館「シンラ」と日本科学未

立体視ドームシアターの内部。立体視用のメガネを装着していざ、宇宙の旅へ。

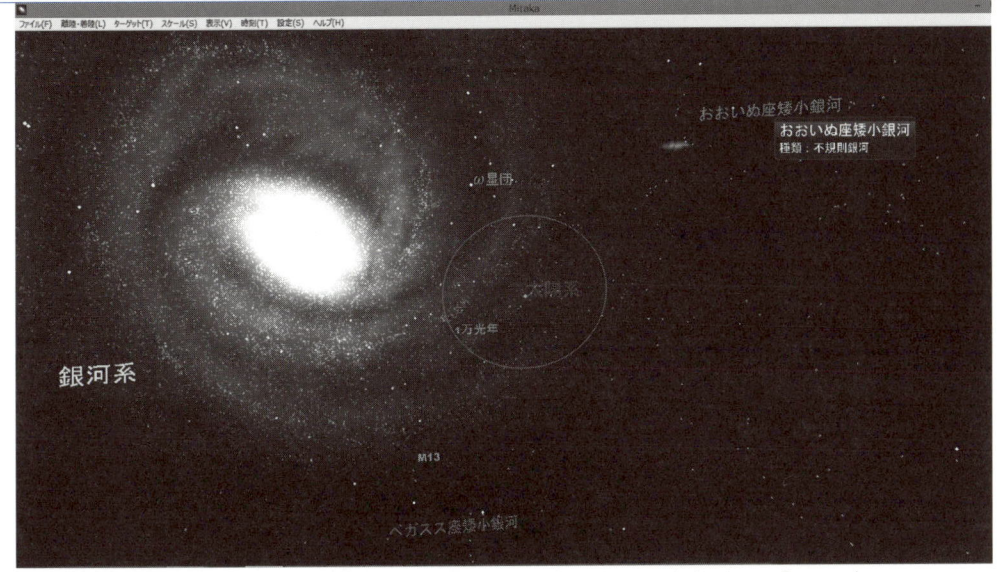

国立天文台 4D2U プロジェクトの加藤恒彦氏が制作した 4 次元デジタル宇宙ビュア「Mitaka」

来館「ガイヤ」という3つの常設立体視ドームシアターが東京に誕生したのです。海外ではハワイ島ヒロ市にあるイミロア天文学教育センターなどに常設立体視ドームシアターがあります。没入感が高いこれらのシアターをぜひ訪ねてみてください。また、4次元デジタル宇宙ビュア「Mitaka」をはじめとする国立天文台4D2Uコンテンツをこれらの立体視シアターでお楽しみください。

日本ではバブル経済の崩壊後、プラネタリウム施設のような文化施設が相次いで閉館や休館、運営規模の縮小などに見舞われました。そのような中、2010年代に入って入館者は復調し、活気を取り戻してきています。2011年3月には、常設のプラネタリウム施設としては世界最大規模を誇る直径35メートルドームの名古屋市科学館がリニューアルオープンし、2012年には、東京の新名所、東京スカイツリーにもプラネタリウム施設が併設されました。一方、2010年からは毎年夏から秋に日本を中心に「国際科学映像祭」が開催され、日本のドームコンテンツが国際的にも注目を集めています。日本の科学文化の海外への浸透という側面からも、今後のプラネタリウム＝ドームシアターの発展に期待が高まっています。

国際科学映像祭「ドームフェスタ」のようす（堺市教育文化センター「ソフィア・堺」にて）

国立天文台・准教授　縣　秀彦

（あがたひでひこ）
1961年長野県生まれ。専門は天文教育（教育学博士）。
天文教育普及研究会会長、日本サイエンスコミュニケーション協会副会長。
NHK高校講座やNHKラジオ深夜便にレギュラー出演中。
国立天文台4D2Uドームシアターの建設責任者であり、国際科学映像祭の生みの親でもある。

1937年（昭和12年）3月13日、大阪市立電気科学館に日本で最初のプラネタリウムが設置されて以来、現在に至るまでこの日本には多くのプラネタリウム館が設置されてきました。

あなたの街にはプラネタリウムがありますか？

一つしかないとか、三つもあるよ、地域によってはそんな場所もあるかもしれません。

プラネタリウムは時間や天候に関係なく、美しい星空を再現してくれる場所です。

喧騒を忘れて、星夜という静かな時間を楽しませてくれるあなたの身近にあるプラネタリウムにぜひとも、足を運んでいただきたい。

今回、編集部から変わり種のプラネタリウムを紹介して下さいとの依頼があり筆をとりましたが、今回選んだプラネタリウムは私の独断で選びました。

★★プラネタリウム今昔★★

これまでの日本のプラネタリウム開設の歴史の中には、閉鎖という厳しい状況になったプラネタリウムもあります。現在、公開・非公開あるいは公営・民営合わせて350館近いプラネタリウムが存在していますが、ここでは、過去・現在存在している変わり種のプラネタリウムをいくつか紹介しましょう。中にはあなたが見に行ったプラネタリウムもあるかもしれません。

●かつてあったプラネタリウム

新潟大和デパート・プラネタリウム

昭和30年代に存在していたプラネタリウムで、新潟市古町にかつてあった大和デパートの中に設置されていました。数年間だけの設置でしたが、日本海側で数少ないプラネタリウムとして人気を誇っていました。

岐阜プラネタリウム

岐阜の水道山の山頂に遊園地に並んでプラネタリウム館が作られました。これは昭和30年代に名古屋市科学館が開館する前です。岐阜プラネタリウムは国産のプラネタリウムを設置したのではなく、ドイツのツァイス社のプラネタリウムを導入しました。現在跡地は展望台となって、岐阜プラネタリウムで使われたプラネタリウムの機械は、岐阜市科学館の展示室で見ることができます。

札幌テレビ塔プラネタリウム

昭和30年代に札幌の観光名所札幌のテレビ塔の中にプラネタリウムがありました。現在でも外観のドームは残っていますが、中に入ることはできません。数年間だけの稼働でしたが、観光客向けに投映していたと記録されています。

阪神甲子園パーク天文科学館

阪神甲子園球場の隣にあった遊園地、阪神甲子園パークにかつて天文科学館がありました。これは昭和30年代に日本国内で博覧会ブームが起こり、阪神甲子園パークで科学博覧会を行ったときに仮設でプラネタリウムを設置したものが、のちにそのまま据え置かれたものです。

静岡プラネタリウム

繁華街の中にあった静岡ピカデリーという映画館の屋上にプラネタリウムがありました。金子功さんという方が開発したピンホールプラネタリウム、その名も金子式プラネタリウムが設置されて

変わり種のプラネタリウム

新潟・大和（金子式プラネタリウム）
（写真提供：新潟県立歴史博物館　山本哲也氏）

全国プラネタリウムガイド　140

置されていました。閉鎖後は作品展などができるギャラリーへと改装されましたが、現在では建物全体を壊して再開発されています。

まだまだ他にもプラネタリウムが存在していましたが、紙面の都合上ここまでにします。

岐阜プラネタリウム外観
（写真提供：いるか書房　上門氏）

● 現在投映を行っているプラネタリウム館

コニカミノルタプラネタリウム・天空

東京の新名所・スカイツリーの下にあるプラネタリウム。スカイツリーだけでなく水族館やショッピングモールなども備えていて、プラネタリウムだけでなく1日居て楽しめそうです。

コニカミノルタプラネタリウム・満天

東京池袋にそびえるサンシャインシティ。その中にコニカミノルタプラネタリウム・満天があります。スカイツリー同様、コニカミノルタプラネタリウムが運営しています。60階の展望台、サンシャイン国際水族館など見所もいっぱいです。

羽田空港国際線ターミナル スターリーカフェ

カフェの中にプラネタリウムがあるのです。しかも旅の玄関、空港という場所もびっくりです。海外から来る観光客だけではなく、われわれ日本人も見ることができる空港内のプラネタリウムです。

プラネターリアム銀河座

東京都葛飾区にある證願寺というお寺の境内の中にあるプラネタリウム。お寺という意外な場所にあるプラネタリウムですが、一般公開日が決められているので調べてから行ってみましょう。

富士川楽座

なんと、東名高速道路の上り線・富士川PAに直結した道の駅・富士川楽座にあるプラネタリウム。日本で唯一の高速道路にあるプラネタリウムです。投映時間も20分、30分間隔で投映を行っているので待ち時間が少なくすむ点もありがたいところです。ドライブなどでパーキングエリアでの休憩時に立ち寄ってみてはいかがですか。

静岡プラネタリウム外観（写真提供：旅人氏）

ラフォーレ琵琶湖

ホテルの中にあるプラネタリウムです。ここは星のお兄さんこと田端英樹さんが「爆笑星空解説」を行っています。これは投映日が決められているので、確認してから見学に行きましょう。

以上、紙面の都合で紹介できないところもあります。まずは本書を参考にみなさんの身近にあるプラネタリウムに出かけてみてはいかがでしょう。

いしかわ子ども交流センター　毛利裕之

（もうりひろゆき）

1972年石川県生まれ。幼少より近所にあった石川県立児童会館（現・いしかわ子ども交流センター）のプラネタリウムに通い詰め、保育園時の将来の夢が「プラネタリウムのおじさんになる」。それが現実となり、運命のいたずらか子どもの頃に通い詰めたプラネタリウムで解説を行うことになった。ライフワークはプラネタリウム関係の資料の収集。JPA日本のプラネタリウム史WGの代表としても活動している。

世界のプラネタリウム

1）《アメリカ自然史博物館ヘイデンプラネタリウム》 1935年開館
Hayden Planetarium - American Museum of Natural History

縦長のセントラルパークの中ほど、79番ストリート付近の東側にはメトロポリタン美術館、西側にはアメリカ自然史博物館があり、セントラルパークを挟んで世界を代表する美術と自然科学の殿堂が競っているように見えます。アメリカ自然史博物館は一週間を費やしても見学しきれないかもしれません。

ヘイデン・プラネタリウムは銀行家で慈善家のチャールス・ヘイデン（Charles Hayden）氏の寄付によりにより1935年にアメリカ自然史博物館に併設されて開館した歴史あるプラネタリウムです。そのプラネタリウムを一旦閉館し、新たに200億円以上をかけて地球科学及び天文学のためのRose Center for Earth and Spaceを建設し2000年の2月にリニューアル・オープンしました。プラネタリウムはスーパーコンピュータを備えたデジタル映像のシアターに変身し、21世紀のプラネタリウムの象徴ともいえる存在になりました。

トム・ハンクス（Tom Hanks）のナレーションによるオープニング番組「Passport to the Universe」は年間観覧者数が150万人を超え、チケットは完売どころか当日券の購入は不可能と言われていました。現在世界で使われているデジタルプラネタリウムの殆どはこのヘイデンプラネタリウムとNASAによって作成されたDigital Universe Atlasを使っているといってよいでしょう。ヘイデンプラネタリウムの番組は、世界中で上映されています。現館長のタイソン（Neil deGrasse Tyson）博士は、銀河の研究者で数々の一般向けの著書やテレビ

アメリカ自然史博物館ヘイデンプラネタリウム

DATA
所在地：81 Central Park West, New York, NY 10023, U.S.A
電　話：+1 212-769-5100　Fax：+1 212-769-5007
http://www.amnh.org/our-research/hayden-planetarium
開館時間：感謝祭およびクリスマスを除く毎日公開　10:00～17:45
観覧料：大人 27ドルから（オプションによって異なる）
〈設備及び投影機材〉
ドーム直径：26.1m　同心円型配列 429席
光学式プラネタリウム：Zeiss Universarium IX 型（1999年設置）
デジタル式プラネタリウム：Global Immersion, SCISS Uniview
年間利用者数：約120万人

全国プラネタリウムガイド　142

の解説で知られています。

ちなみに開館以来ヘイデン・プラネタリウム会員のために出版していた The Sky という雑誌はやがてハーバード大学天文台で出版されていた The Telescope と一緒になり1941年以降、アマチュアのための天文雑誌として世界的に知られる現在の Sky and Telescope になっています。

2)《アドラー・プラネタリウム》1930年開館
The Adler Planetarium

アドラー・プラネタリウム

アドラー・プラネタリウムはシカゴ市のミシガン湖畔の博物館キャンパスにあります。

ツァイス社による 光学式プラネタリウムの発明から7年後の1930年にアメリカ初のプラネタリウムとしてオープンしました。資金は当時通信販売で有名になっていたシアーズ・ローバック社の重役マックス・アドラーの寄附によります。アドラーは航海に使う観測器具やオーラリーと呼ばれる惑星運行儀、あるいは望遠鏡などをヨーロッパで買い求めて寄贈し、プラネタリウムだけでなく天文博物館としての展示も充実させました。天体観測ドーム (Doane Observatory) も併設されています。

アクセス：地下鉄が便利、B線（平日のみ）かC線の81番ストリート（アメリカ自然史博物館／セントラルパーク西駅）で下車、コロンバス通りとセントラルパークの間にあるローズセンターをめざして2ブロックほど歩く。メトロM79番のバスも使える。プラネタリウムのあるローズセンターは自然史博物館のW79番通りよりW81番通りが便利。

特にプラネタリウムの惑星運動のメカニズムが組み込まれたオラリーや航海の天測用器具のコレクションが世界的に有名です。またプラネタリウムの原型ともいうべきシカゴ科学アカデミーで作られた Atwood の天球儀も地下の展示室の中に動態展示として体験可能で、シカゴ大学との共催による教育プログラムもしばしば実施されています。

DATA
所在地：1300 S. Lake Shore Drive, Chicago, IL 60605, U.S.A.
電　話：+1 (312) 922-7827　Fax：+1 (312) 322-2257
http://www.adlerplanetarium.org/
開館時間：平日 9:30～16:00、土・日曜日 9:30～16:30
観覧料：大人 24.95ドル、子ども（3～11歳）19.95ドル
〈設備及び投影機材〉
○スカイシアター（Grainger Sky Theater）
　ドーム直径：20.7m　同心円型配列 300席
　光学式プラネタリウム投影機：Zeiss Mark VI型（1970年設置）
　デジタル式プラネタリウム：Global Immersion 精細度：8K
○デフィニティ宇宙劇場（Definiti Space Theater）
　ドーム直径：16.5m　15°傾斜　扇型配列 192席
　デジタル式プラネタリウム投影機：Sky-Skan Definiti（2008年設置）
　アトウッド天球儀（Atwood Sphere　1913年製造）：ドーム直径4.6m　10席
年間利用者数：約58万人

3) 《カリフォルニア科学アカデミー　モリソン・プラネタリウム》1952年開館
Alexander Morrison Planetarium California Academy of Sciences

科学アカデミーと呼ばれますが内容は科学博物館です。アメリカにはこのように呼ぶ館が幾つか造られています。広大なゴールデンゲイト・パークの中にあり、展示は自然科学全体に渡って充実し、水族館も充実しています。

このプラネタリウムには元々館内の工作室で自作したアカデミー型光学式投影機が設置されていましたが、それは、第二次世界大戦後ドイツのカールツァイス社がプラネタリウムの製作を停止していたために、軍で使われていたレンズを使用し独自の設計で製作した投影機です。しかも小学生をはじめとする市民の寄付によって完成したプラネタリウムで、日本の五藤光学がモデルとした形状でした。それらの建物は全て取り壊され、新たにスペースシアターとしてリニューアル・オープンしました。

館長のライアン・ワイアット氏はニューヨークのヘイデン・プラネタリウムのスタッフで、ヘイデンで培ったノウハウをさらに発展させるべく赴任しました。上映される番組は植物とCO$_2$問題や地震のメカニズムなど地球環境を取り扱ったテーマも多いです。

カリフォルニア科学アカデミー　モリソン・プラネタリウム

DATA
所在地：55 Music Concourse Drive   San Francisco, CA 94118, U.S.A.
電　話：+1 (415) 321 8186　Fax：+1 (415) 321 8602
http:// www.calacademy.org/academy/exhibits/planetarium
開館時間：平日・土曜日 9:30 〜 17:00、日曜日 11:00 〜 17:00
観覧料：大人 34.95 ドル、シニア（65 歳以上）・学生・青少年（12 〜 17 歳）29.95 ドル
　　　　子ども（4 〜 11 歳）24.95 ドル、3 歳以下の幼児　無料
〈設備及び投影機材〉
ドーム直径：22.9m　30°傾斜　一方向型配列290 席
デジタル式プラネタリウム：Sky-Skan Definiti,（2008 年設置）、Electrosonic Fidelity Bright,（2008 年設置）、Uniview
年間利用者数：約65 万人

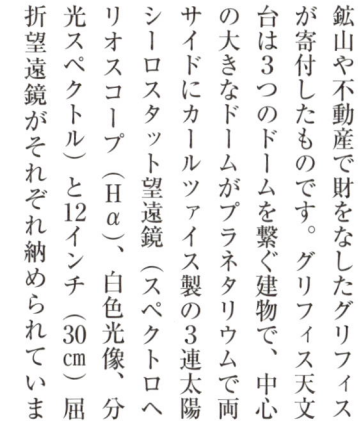

4)《グリフィス天文台プラネタリウム》 1935年開館
Samuel Oschin Planetarium Griffith Observatory

ロスアンゼルスのハリウッドの山上に建っています。ほぼ山全体が公園で、鉱山や不動産で財をなしたグリフィスが寄付したものです。グリフィス天文台は3つのドームを繋ぐ建物で、中心の大きなドームがプラネタリウムで両サイドにカールツァイス製の3連太陽シーロスタット望遠鏡（スペクトロヘリオスコープ（Hα）、白色光像、分光スペクトル）と12インチ（30cm）屈折望遠鏡がそれぞれ納められています。ロスアンゼルスの街から眺めるとまるで壮大な城のようです。また天文台から見る街の夜景は有名でデートスポットでもあります。

この天文台の建設にはヘールやアダムスなど有名なウィルソン山天文台の研究者達が協力して完成させました。この山頂の宮殿のような天文台はハリウッドの映画の舞台としても使われました。ジェームスディーン主演の「理由なき反抗」にも登場します。極めてオーソドックスなプラネタリウムでしたが、約5年間閉館し2006年にリニューアル・オープンし、オプティカル・ファイバーの最新型光学式プラネタリウムとレーザー・プロジェクターを使ったデジタルプラネタリウムの双方を備えた最新型プラネタリウムとなりました。

館長のエドウィン・クラップ（Edwin Krupp）博士は天文学史の大家として知られますが、日食クルーズの主催者としても良く知られています。

アクセス：公園全体がハイキングや自転車のコースになっている。土曜日曜の夕刻は山麓のVermont/Sunset Metro Red Line ステーションから天文台行きの市営シャトルバスがある。車も山麓の駐車場に置き、シャトルバスを利用する。障害者のためのシャトルバスもある。

グリフィス天文台プラネタリウム

DATA
所在地：2800 East Observatory Road Los Angeles, CA 90027-1299, U.S.A
電　話：+1 213 473 0800　Fax：+1 213 473 0816
http://www.griffithobs.org
開館時間：平日 12:00～22:00、土・日曜日 10:00～22:00、休館：月曜日
観覧料：大人7ドル、学生・シニア5ドル、子ども（5～12歳）3ドル
　　　　5歳以下の幼児は第1回目の上映のみ、他の回は入場できない
〈設備及び投影機材〉
ドーム直径：23.1m、扇状配列300席
光学式プラネタリウム：Zeiss Universarium IX型（2005年設置）
デジタル式プラネタリウム：Evans & Sutherland Digistar 3（2006年設置）
レーザー・プロジェクター使用

5)《プラネタリウム・ハンブルグ》1930年開館

館長のトーマス・クラウペ（Thomas Kraupe）氏は国際プラネタリウム協会の会長を務め、内容設備ともにヨーロッパは無論、世界最先端のプラネタリウムです。1930年開館で、ハンブルグ公園の中にあり、市のランドマークである旧給水塔の中に建設されています。2003年にツァイスの新しい光学式プラネタリウム投影機が設置され、2009年にデジタルプラネタリウムが納入されました。

内容は最先端の天文学解説や教育と科学とエンターテインメントを融合させた番組、ロック、メタルあるいはシンセサイザーからクラシック、あるいはヴォーカルなどの音楽中心の番組やレーザー・ショー、演劇などのライブ・ショーなど文化と科学を融合させた番組など多彩です。設備的にも世界で最も先進的なプラネタリウムとして知られています。

プラネタリウム・ハンブルグ

DATA
所在地：Planetarium Hamburg - Heaven on Earth　Otto-Wels-Straße 1, D-22303 Hamburg, GERMANY
電　話：+49（40）4288652-0　Fax：+49（40）4288652-99
E-Mail：info（at）planetarium-hamburg.de
開館時間：月・火曜日 9:00 ～ 17:00、水・木曜日 9:00 ～ 21:00、金曜日 9:00 ～ 22:00、土曜日 12:00 ～ 22:00、日曜日 10:00 ～ 20:00　4歳未満は観覧不可。その他　要問い合わせ
観覧料：通常番組観覧料は 9.5 ユーロ、但し3D番組は 10.5 ユーロ
〈設備及び投影機材〉
ドーム直径：21m　扇型配列253席
光学式プラネタリウム投影機：Zeiss Universarium IX 型（2002年設置）
デジタル式プラネタリウム：E&S Digistar 5　SONY SRX 投影機（2012年設置）
　　　　　　　　　　　　：SCISS Uniview
レーザービーム・プロジェクター：Lobo TriDome
年間利用者数　約35万人

6)《カールツァイス－プラネタリウム・シュトゥツガルト》1977年開館

Carl Zeiss Planetarium-Stuttgart

ドイツ南西部の大都市シュトゥツガルト中央駅前の公園の中にあります。現在中央駅は新たに地下に埋める建て替え工事の最中で、騒音の中で運営しています。ポルシェ社がシュトゥツガルトはダイムラー・ベンツ社やポルシェ社などもある自動車産業の街です。出資して新たな場所に科学館として再

建が計画されましたが、ポルシェ社がフォルクスワーゲン社の子会社になり、計画は中止になってしまいました。

プラネタリウム・シュトゥツガルトはモダンな建物で、ドイツのプラネタリウムの中でも優れた内容のプラネタリウムとして知られています。現在の国際プラネタリウム協会会長のトーマス・クラウペ氏や元会長のジョン・エルバート氏などがプラネタリウム解説者としてトレーニングを受けた館でもあります。電車で30分ほどの所にケプラーが在席したチュービンゲン大学があり、現在も協力関係にあります。

現在デジタルプラネタリウムの導入が進められており、館長のウベ・レンマー博士によれば、最も優れたデジタルプラネタリウム・システムを導入する予定とのことでした。

カールツァイス―プラネタリウム・シュトゥツガルト

7)《ツァイス―プラネタリウム イエナ》 1926年開館
Zeiss-Planetarium Jena

ドイツは光学式プラネタリウムの発明国ですが、ご存じの通り第二次世界大戦で殆どのプラネタリウムは焼失しました。このイエナはプラネタリウムの第1号機以後の製作工場のあった町ですが、ツァイス社は崩壊し東西に分離しました。しかし、このプラネタリウム館は奇跡的に残り、現存するプラネタリウムとしては世界で最も古い施設となっています。外観は昔のままらしいですが、内部はリニューアルされて、光ファイバー技術を使った新型の投影機が入っています。この光ファイバーを使った技術はここイエナで、当時東ドイツのツァイス社で1980年代に開発されたものです。1990年からは東西ドイツ合併によりオーベルコッフェンとイエナに分かれていた

DATA
所在地：Mittlerer Schlossgarten　Willy Brandt Strasse 25
　　　　70173 Stuttgart　GERMANY
電話：+49 711 216 9015　FAX：+49 711 216 3912
http://www.planetarium-stuttgart.de/
開館時間：火〜金曜日 9:00〜11:30　14:00〜16:30、土・日曜日
　　　　　13:00〜19:30、水・金曜日 19:00〜21:30
観覧料：一般 6ユーロ、子ども・学生 4ユーロ
〈設備及び投影機材〉
ドーム直径：20m　同心円配列　275席
光学式プラネタリウム：Zeiss Universarium IX（2001年設置）
デジタル式プラネタリウム：Zeiss powerdome（2015設置予定）
　　　　　　　　　　　　　投影機 VELVET 9-channel
年間利用者数　約12万8000人

ツァイス―プラネタリウム　イエナ

ツァイス社も合併しています。プラネタリウムはその発祥の地であるイエナすなわち東独ツァイス社が使っていた工場で製作がつづけられています。歴史あるプラネタリウムですが、デジタル化も行われ Zeiss Powerdome システムが納められ、投影プロジェクターもツァイス社自慢の高コントラストプロジェクター、VELVET が使われています。比較的小さい施設ですが、充実したレストラン・バウワースフェルトではおいしいビールも飲めます。プラネタリウムの発明者の名前のついたレストランでのビールの味わいは格別です。

イエナはプラネタリウムを発明した光学機械会社カール・ツァイス社発祥の地です。かつてシラーやゲーテが頻繁に歩いていた町を歩くのは趣いっぱいで、味わいのある居酒屋も多く歴史豊かな町です。イエナ大学に面した歴史あるホテル、シュバルツ・バールにはマルチン・ルターも滞在したそうです。光学を飛躍的に発展させたイエナ大学のエルンスト・アッベはツァイス社の産みの親ですが、彼の名前のついた地名もいくつかあります。

アクセス：イエナと名が付く駅は3か所ほどあるから注意。長距離列車が着く駅はイエナ・パラディース駅で、ここで降りるのが便利。タクシーで5分ほどだと思うが、荷物をホテルに置けば歩くのがいい。ぶらねたりうむ通りに面していて植物園の北側にある。駅から歩いて10分程度です。

DATA
所在地：Am Planetarium 5　07743 Jena　GERMANY
電　話：+49 3641 885488　Fax：+49 3641 885420
http://www.planetarium-jena.de
開館時間：月曜日休館で、1日6回の投影。日曜は午後からの開館。曜日によって投影開始時間が異なるので注意。また毎回投影内容が変わるので Home Page で確認が必要。
観覧料：8.5 ユーロ
〈設備及び投影機材〉
ドーム直径：23m　扇型配列290席
光学式プラネタリウム：Zeiss Universarium VIII 型（1996年設置）
デジタル式プラネタリウム：Zeiss powerdome（2011設置）
　　　　　　　投影機 VELVET
年間利用者数：約13万909人

8)《リオデジャネイロ市財団プラネタリウム》1970年開館
Fundação Planetário da Cidade do Rio de Janeiro

1970年に開館、12.5mのドーム に東独製 Zeiss Space Master 型が納められていました。1998年に23mの大型ドームを建設し、オプティカル・ファイバーを使った東西ドイツ合併後のツァイス社の Universarium VIII 型が設置されました。現在のプラネタリウムを担当する

全国プラネタリウムガイド　148

ディレクターはアレクサンドル・チェルマン（Alexandre Cherman）氏です。水曜日には望遠鏡による観望会も行われ、ブラジル最大のプラネタリウムとして大勢の観客を集めています。観光地の海岸に近い高級住宅街にあり、リオデジャネイロの中では比較的安全な場所にあります。デジタルプラネタリウムのエンジンはRSA Cosmos社製で、近年人気が高まっています。

回廊には天体写真などの展示があります。主な展示はガラス張りのモダンな建物の新館に集中しています。新館には一回り小さな18mのドームや立体シアターがあり、また、売店やレクチャーやワークショップなどができる部屋などもあります。

館長のジン・ツー（Jin Zhu）博士は太陽系天体が専門で、テレビやマスコミへの出演が多いと聞きます。2014年6月には国際プラネタリウム協会隔年総会が開催され、世界中のプラネタリウム関係者が参加しました。プラネタリウムの設備は大変充実していて、デジタル・プラネタリウムとしては最も高精細な8K（8000×8000ピクセル）映像を送り出すことが可能です。

これらの本館とは離れた鉄道の北京駅近くにある北京古観象台は望遠鏡発明以前の世界最古の天文台の一つです。明の時代になって高祖洪武帝は観測機器を南京の紫金山天文台へ移設しましたが、3代永楽帝になって再度北京でも複製を作って観測を行うようになりました。渾天儀を始め四分儀、日時計など肉眼による観測機器が当時の姿で保存されています。

9)《北京天文館》 1957年開館
Zeiss-Planetarium Jena

北京天文館は中国最大のプラネタリウムです。旧館、新館そして離れた場所にある1442年の明朝時代に建設された北京古観象台の3つの施設で構成されています。旧館には一番大きな23mのプラネタリウム・ドームがあり、

リオデジャネイロ市財団プラネタリウム

DATA
所在地：Rua Vice-Governador Rubens Berardo, 100, Gávea, Rio de Janeiro, RJ CEP 22451-070, BRAZIL
電　話：+55 21-2274-0046　Fax：+55 21 2529-2146
http://www.planetariodorio.com.br/
開館時間：平日 9:00〜17:00、土・日・祝日 14:30〜17:00
観覧料：無料
〈設備及び投影機材〉
○カールセーガン・ドーム
ドーム直径：23.0m　27°傾斜　扇型配列263席
光学式プラネタリウム投影機：Zeiss Universarium Ⅷ-TD型（1998年設置）
スライドプロジェクター　60台、パノラマ投影機、全天周投影機
ビデオプロジェクター3台、Spice制御システム
○ガリレオガリレイ・ドーム
ドーム直径：12.5m　傾斜式　扇型配列 90席
開館時から使用していたドームで、現在はデジタルドームとして使用している。

北京天文館

資料：IPS Directory
Loch Ness Productions

アクセス：市営地下鉄4番の動物園駅で下車。動物園とは道路の反対側になる。また動物園の近くには市営バス・ターミナルがある。バス・ルートの7番、15番、19番、102番、そして103番がここへ着く。他にも動物園の前の停留所に停まるバスもある。

DATA
所在地：Beijin Planetarium　138 Xizhimenwai Street, Beijin, 100044 CHINA
電　話：+86-10-5158 3079　Fax: +86-10-5158 3312
htpp://www.bjp.org.cn
開館時間：水～金曜日 9:30～15:30、土・日曜日 9:30～16:30、休館：月・火曜日
観覧料：大人　45元
〈設備及び投影機材〉
○ドーム1
　ドーム直径：23m　同心円型配列 400席
　光学式プラネタリウム投影機：Zeiss Universarium IX 型（2008年設置）
　デジタル式プラネタリウム：Sky-Skan multi-channel Definiti（2008年設置）
　　　　　　　　精細度　8K および　4K
○ドーム2
　ドーム直径：18m　15°傾斜　扇型配列 200席
　Zeiss ADLIP レーザー・プロジェクター（2004年設置）
　SGI Digital（シリコングラフィックス社）（2004年設置）
　3D SimEx! Iwerks Theater: 48席　FantaWild 4D Theater 196席の2つの立体映像用のシアター。

国立天文台天文情報センター広報普及員　伊東（佐伯）昌市

いとう（さえき）しょういち

1947年富山県生まれ。杉並区立科学教育センター物理技術指導係長としてプラネタリウムを担当。その後　海外の科学館との協力関係を育て、海外のプラネタリウム番組の翻訳上映するなど、プラネタリウムの国際化を積極的に推進。現在国立天文台天文情報センター広報普及員として4次元デジタル宇宙（4D2U）ドーム・シアターの管理運営、国際科学映像祭の開催、「最新の天文学の普及をめざすワークショップ」の企画開催を担当。著書：地上に星空を──プラネタリウムの歴史と技術（裳華房）など多数。

都道府県	施設名・住所	機種	ドーム径(席数)	電話	備考
大阪府	堺市教育文化センター ソフィア・堺プラネタリウム「堺星空館」 堺市中区深井清水町 1426	コニカミノルタ INFINIUM β SUPER MEDIAGLOBE-Ⅱ	18（166）	072-270-8110	
島根県	安野光雅美術館 鹿足郡津和野町大字後田イ 60-1	コニカミノルタ COSMOLEAP	8.5（50）	0856-72-4155	
広島県	ジミー・カーターシビックセンター 三次市甲奴町本郷 10940	コニカミノルタ MS-10	10（70）	0847-67-3535	
山口県	やまぐち総合教育支援センター 山口市秋穂二島 1062 山口県セミナーパーク内	コニカミノルタ MS-8	8（50）	083-987-1160	非公開
香川県	プレイパーク　ゴールドタワー 綾歌郡宇多津町浜一番丁 8-1	コニカミノルタ MEDIAGLOBE	6（15）	0877-49-7070	
愛媛県	西条市こどもの国 西条市明屋敷 131-2	コニカミノルタ MS-10 AT	12（101）	0897-56-8115	
福岡県	福岡市立少年科学文化会館 福岡市 中央区舞鶴 2-5-27	五藤光学 GSS-URANUS	12.4（119）	092-771-8861	2016 年 3 月末で閉館
佐賀県	唐津市少年科学館 唐津市二夕子 3-1-6	コニカミノルタ MS-6	6.5（41）	0955-75-5855	土・日曜日のみ上映。 夏休み期間は水～日曜日
熊本県	人吉市カルチャーパレス 人吉市下城本町 1578-1	コニカミノルタ MS-10	11（101）	0966-24-3311	
	南阿蘇ルナ天文台 阿蘇郡南阿蘇村白川 1810	コニカミノルタ MO-6 (株)アストロアーツ STELLA DOME PRO	6（25）	0967-62-3006	
大分県	大分県マリンカルチャーセンター 佐伯市蒲江大字竹野浦河内 1834-2	コニカミノルタ MS-10 AT	12（100）	0972-42-1311	
	大分県立社会教育総合センター 香々地青少年の家 豊後高田市香々地 5151	コニカミノルタ INFINIUM γ SUPER MEDIAGLOBE-Ⅱ	12（140）	0978-54-2096	
宮崎県	北きりしまコスモドーム 小林市南西方 8577-18	五藤光学 GS-AT	8.5（65）	0984-27-2468	

2015 年 4 月現在

*上映日などは事前に各プラネタリウム館にお問い合わせ下さい。
*非公開とあるプラネタリム館にはお問い合わせなどしないで下さい。

ベネッセ・スター・ドーム 多摩市落合 1-34 ベネッセコーポレーション東京ビル 21F	パナソニック（株） PT-DZ8700	14（61）		http://star-dome.com/

神奈川県

慶應義塾高等学校 横浜市港北区日吉 4-1-2	五藤光学 GS-8-S	8（70）	045-566-1396	非公開
横浜市立南高等学校プラネタリウム 横浜市港南区東永谷 2-1-1	五藤光学 GEⅡ	6（40）	045-822-1910	非公開

新潟県

柏崎市立博物館 柏崎市緑町 8-35	五藤光学 GX-AT	12（124）	0257-22-0567	

石川県

能美市根上学習センター 能美市大成町ヌ 111	コニカミノルタ MEDIAGLOBE-Ⅱ	6（40）	0761-55-8560	
山中児童センター 加賀市山中温泉西桂木町ト -10-1	五藤光学 GS-8-T	8（60）	0761-78-3536	

福井県

河野天文学習館 南条郡南越前町今泉 21-17	五藤光学 GEⅡ-T	6（40）	0778-48-7711	
敦賀市立児童文化センター （敦賀市こどもの国） 敦賀市櫛川 42-2-1	五藤光学 PANDORA HYBRID	15（195）	0770-25-7879	

山梨県

山梨県立八ヶ岳少年自然の家 北杜市高根町清里 3545	コニカミノルタ MS-6	6（50）	0551-48-2306	宿泊者のみ利用可

長野県

佐久市子ども未来館 佐久市岩村田 1931-1	五藤光学 GSS-URANUS	16（165）	0267-67-2001	
南牧村農村文化情報交流館 ベジタボール・ウィズ 南佐久郡南牧村野辺山 412-1	（株）銀河社 プロジェクター	16（125）	0267-91-1771	

岐阜県

生涯学習センター ハートピア安八・プラネタリウム 安八郡安八町氷取 30	コニカミノルタ MEDIAGLOBE	5（40）	0584-63-1515	
関市まなびセンター コスモホール 関市若草通 2-1 わかくさプラザ学習情報館 3 階	（有）大平技研 MEGASTAR-ZERO	12（100）	0575-23-7760	
飛騨プラネタリウム 高山市清見町夏厩 918-1	（株）リブラ HAKONIWA 2	9（60）	0577-67-3407	12-3 月来場の際は必ず HP で確認を。

静岡県

静岡県総合教育センター 掛川市富部 456	コニカミノルタ COSMOLEAP 8	8.5（50）	0537-24-9700	

京都府

木津川市加茂プラネタリウム館 木津川市加茂町岩船ガンド 2	五藤光学 GX-AT	10（80）	0774-76-7645	

その他のプラネタリウム館一覧

コニカミノルタ：コニカミノルタプラネタリウム(株)
五藤光学：(株) 五藤光学研究所

館名／住所	メーカー名／機種	ドーム直径（m） （ ）内は座席数	電話番号	備考
北海道				
岩見沢市郷土科学館 岩見沢市志文町 809-1	コニカミノルタ MS-10 AT サッポロスターライトドーム	12 (100)	0126-23-7170	
北斗市立上磯中学校 北斗市中野通 320-4	五藤光学 GS-AT	8 (58)	0138-73-2076	非公開
岩手県				
一戸町観光天文台 二戸郡一戸町女鹿字新田 42-21	五藤光学 GS-AT	8 (50)	0195-33-1211	上映については要問い合わせ
秋田県				
能代市子ども館 能代市大町 10-1	コニカミノルタ MS-10 AT	10 (100)	0185-52-1277	
山形県				
最上広域市町村圏事務組合 教育研究センター 新庄市千門町 17-26	コニカミノルタ MEDIAGLOBE-Ⅱ	6.5 (43)	0233-22-1033	9月以降、新庄市昭和 660 へ移設
福島県				
星の村天文台・プラネタリウム館 田村市滝根町神俣字糠塚 60-1	コニカミノルタ MS-8	8 (60)	0247-78-3638	
群馬県				
伊勢崎市児童センター 伊勢崎市粕川町 1609	五藤光学 GX-10-T	10 (100)	0270-23-6463	
埼玉県				
鴻巣市立鴻巣児童センター 鴻巣市本町 3-12-24	コニカミノルタ MS-10	10 (100)	048-541-0442	上映日時は要問い合わせ
鴻巣市立吹上中学校 鴻巣市吹上町富士見 1-6-1	五藤光学 GE-6	6 (45)	048-548-0051	非公開
吉川市児童館ワンダーランド 吉川市美南 5-3-1	五藤光学 GX-AT	10 (85)	048-981-6811	
千葉県				
市川市少年自然の家 市川市大町 280-4	五藤光学 GMⅡ-AT	14 (217)	047-337-0533	
柏プラネタリウム 柏市柏 5-8-12	五藤光学 GE-6	6 (45)	04-7164-5346	
千葉県立水郷小見川少年自然の家 香取市小見川 5249-1	五藤光学 GMⅡ	18 (202)	0478-82-1343	
千葉県立手賀の丘少年自然の家 柏市和泉 1240-1	コニカミノルタ MS-15 AT	14 (200)	04-7191-1923	
東京都				
学校法人玉川学園　スターレックドーム 町田市玉川学園 6-1-1	コニカミノルタ Media Globe Σ	12 (93)	042-739-8572	原則教育関連団体にのみ公開。要問い合わせ planetarium@tamagawa.ed.jp

掲載館索引

ア行

- 一戸町観光天文台 (岩手県) 153
- 市川市少年自然の家 (千葉県) 153
- 伊丹市立こども文化科学館 (兵庫県) 104
- 板橋区立教育科学館 (東京都) 54
- 伊勢原市立子ども科学館 (神奈川県) 65
- 伊勢崎市児童センター (群馬県) 153
- 出雲科学館 (島根県) 113
- いしかわ子ども交流センター (石川県) 75
- 石川県柳田星の観察館「満天星」 (石川県) 74
- 池田市立五月山児童文化センター (大阪府) 101
- 飯田市美術博物館 (長野県) 81
- 安野光雅美術館 (島根県) 151
- 安城市文化センター (愛知県) 89
- 厚真町青少年センタープラネタリウム室 (北海道) 14
- 厚岸町海事記念館 (北海道) 10
- 旭川市科学館 サイパル (北海道) 9
- 朝霞市中央公民館 (埼玉県) 48
- 秋田県児童会館 みらいあ (秋田県) 27
- 秋田ふるさと村 星空探検館スペーシア (秋田県) 26
- 明石市立天文科学館 (兵庫県) 106
- 青森市中央市民センター (青森県) 22

- 一宮地域文化広場 (愛知県) 90
- 猪名川天文台（アストロピア）(兵庫県) 103
- 茨木市立天文観覧室 (大阪府) 100
- 入間市児童センター (埼玉県) 46
- 岩崎一彰・宇宙美術館 (静岡県) 85
- 岩見沢市郷土科学館 (北海道) 153
- 上田創造館 (長野県) 79
- 宇部市視聴覚教育センター (山口県) 118
- 愛媛県総合科学博物館 (愛媛県) 120
- 大分県マリンカルチャーセンター (京都府) 99
- エル・マールまいづる (京都府) 99
- 大分県立社会教育総合センター (大分県) 151
- 九重少年自然の家 (大分県) 133
- 香々地青少年の家 (大分県) 151
- 大垣市スイトピアセンター (岐阜県) 83
- コスモドーム (岐阜県) 83
- 大阪市立科学館 (大阪府) 103
- 大阪市立公民館 (大阪府) 102
- 大阪狭山市立科学館 (大阪府) 102
- 大崎生涯学習センター (宮城県) 24
- 大津市科学館 (滋賀県) 97
- 大津市比良げんき村天体観測施設 (滋賀県) 96
- 大塔コスミックパーク星のくに (奈良県) 107
- 大野潮騒はまなす公園 (茨城県) 35
- 大牟田文化会館 (福岡県) 130
- 岡三デジタルドームシアター 神楽洞夢 (三重県) 93

カ行

- 岡山県生涯学習センター 人と科学の未来館サイピア (岡山県) 114
- 岡山天文博物館 (岡山県) 115
- 小樽市総合博物館 (北海道) 12
- 帯広市児童会館 (北海道) 11
- 海洋文化館プラネタリウム (沖縄県) 137
- 科学技術館 (東京都) 56
- 各務原市少年自然の家 (岐阜県) 82
- 加古川総合文化センター (兵庫県) 105
- 鹿児島県立博物館プラネタリウム (鹿児島県) 135
- 鹿児島市立科学館 (鹿児島県) 136
- 柏崎市立博物館 (新潟県) 152
- 柏プラネタリウム (千葉県) 153
- 加須未来館 (埼玉県) 41
- 葛飾区郷土と天文の博物館 (東京都) 53
- 学校法人玉川学園 スターレックドーム (東京都) 153
- 神奈川工科大学厚木市子ども科学館 (神奈川県) 64
- 金沢市キゴ山天体観察センター (石川県) 75
- 鹿沼市民文化センター (栃木県) 36
- 上天草市立ミューイ天文台 (熊本県) 132
- 唐津市少年科学館 (佐賀県) 151
- 川口市立科学館 (埼玉県) 47
- 川越市児童センター こどもの城 (埼玉県) 45
- かわさき宙と緑の科学館 (神奈川県) 62

項目	所在地	ページ
北九州市立児童文化科学館	（福岡県）	128
北きりしまコスモドーム	（宮崎県）	151
北村山視聴覚教育センター	（山形県）	28
北本市文化センター	（埼玉県）	44
木津川市加茂プラネタリウム館	（京都府）	152
岐阜市科学館	（岐阜県）	82
ギャラクシティ まるちたいけんドーム	（東京都）	52
熊谷市立文化センタープラネタリウム館	（埼玉県）	42
釧路市こども遊学館	（北海道）	10
久喜総合文化会館プラネタリウム	（埼玉県）	43
桐生市立図書館	（群馬県）	38
京都市青少年科学センター	（京都府）	97
京丹後市星空体験学習室	（京都府）	99
久万高原天体観測館	（愛媛県）	121
熊本博物館	（熊本県）	132
黒部市吉田科学館	（富山県）	72
群馬県生涯学習センター 少年科学館	（群馬県）	39
ぐんまこどもの国児童会館	（群馬県）	40
慶應義塾高等学校	（神奈川県）	152
公益財団法人 大町エネルギー博物館	（長野県）	78
公益財団法人 国際文化交友会 月光天文台	（静岡県）	84
鴻巣市立鴻巣児童センター	（埼玉県）	153
鴻巣市立吹上中学校	（埼玉県）	153

サ行

項目	所在地	ページ
河野天文学習館	（福井県）	152
郡山市ふれあい科学館	（福島県）	30
国立磐梯山青少年自然の家	（福島県）	73
越谷市立児童館コスモス	（埼玉県）	44
コスモアイル羽咋	（石川県）	74
コスモプラネタリウム渋谷	（東京都）	57
五反田文化センタープラネタリウム	（東京都）	58
コニカミノルタサイエンスドーム（八王子市こども科学館）	（東京都）	62
コニカミノルタプラネタリウム "天空"	（東京都）	55
コニカミノルタプラネタリウム "満天" in Sunshine City	（東京都）	54
小牧中部公民館	（愛知県）	91
生涯学習センター ハートピア安八 プラネタリウム	（岐阜県）	152
白井市文化センター・プラネタリウム	（千葉県）	51
鈴鹿市文化会館	（三重県）	93
スターフォレスト御園	（愛知県）	87
スターランドAIRA	（鹿児島県）	134
すばるホール	（大阪府）	102
西予市三瓶文化会館	（愛媛県）	121
関市まなびセンター コスモホール	（岐阜県）	152
世田谷区立教育センタープラネタリウム	（東京都）	59
仙台市天文台	（宮城県）	25
総合リゾートホテル ラフォーレ琵琶湖「デジタルスタードームほたる」	（滋賀県）	96
札幌市青少年科学館	（北海道）	13
佐世保市少年科学館	（長崎県）	131
佐久市子ども未来館	（長野県）	63
相模原市立博物館	（神奈川県）	130
佐賀県立宇宙科学館	（佐賀県）	151
堺市教育文化センター ソフィア・堺プラネタリウム「堺星空館」	（大阪府）	151
さいたま市青少年宇宙科学館	（埼玉県）	47
さいたま市宇宙劇場	（埼玉県）	46
埼玉県立名栗げんきプラザ	（埼玉県）	43
埼玉県立小川げんきプラザ	（埼玉県）	42
西条市こどもの国	（愛媛県）	151
山陽スペースファンタジープラネタリウム	（広島県）	117
狭山市立中央児童館	（埼玉県）	45
さぬきこどもの国	（香川県）	119
薩摩川内市立少年自然の家	（鹿児島県）	135
札幌もいわ山ロープウェイ スターホール	（北海道）	13
サッポロスターライトドーム	（北海道）	12
山陽スペースファンタジープラネタリウム	（広島県）	117
静岡県立朝霧野外活動センター	（静岡県）	152
静岡県総合教育センター	（静岡県）	83
島根県立三瓶自然館サヒメル	（島根県）	113
ジミー・カーターシビックセンター	（広島県）	151
上越清里星のふるさと館	（新潟県）	72

155

タ行

- タイムドーム明石（中央区立郷土天文館）……（東京都）57
- 高崎市少年科学館……（群馬県）39
- たちばな天文台……（宮崎県）134
- 棚倉町文化センター……（福島県）30
- 多摩六都科学館……（東京都）60
- 千葉県立水郷小見川少年自然の家……（千葉県）50
- 千葉県立君津亀山少年自然の家……（千葉県）153
- 千葉県立手賀の丘少年自然の家……（千葉県）51
- 千葉市科学館……（千葉県）49
- 銚子市青少年文化会館……（千葉県）35
- 長生村文化会館……（千葉県）49
- つくばエキスポセンター……（茨城県）27
- 鶴岡市中央公民館 プラネタリウム……（山形県）92
- 津島児童科学館……（愛知県）152
- 敦賀市立児童文化センター（敦賀市こどもの国）……（福井県）86
- ディスカバリーパーク焼津天文科学館……（静岡県）61
- 東京海洋大学越中島キャンパス天象儀室……（東京都）56
- 桐朋中学校・高等学校……（東京都）118
- 徳島県立あすたむらんど……（徳島県）36
- 栃木県子ども総合科学館……（栃木県）112
- 鳥取市さじアストロパーク……（鳥取県）37
- 利根沼田文化会館……（群馬県）

ナ行

- 苫小牧市科学センター……（北海道）14
- 富山市科学博物館……（富山県）73
- 豊川市ジオスペース館……（愛知県）88
- とよた科学体験館……（愛知県）87
- 豊橋市視聴覚教育センター……（愛知県）23
- 十和田市生涯学習センター……（青森県）71
- 長岡市青少年文化センター……（新潟県）131
- 長崎市科学館……（長崎県）80
- 長野県伊那文化会館……（長野県）77
- 長野市立博物館……（長野県）78
- 中野市立博物館……（長野県）55
- なかのZEROプラネタリウム……（東京都）91
- 名古屋市科学館……（愛知県）137
- 那覇市牧志駅前ほしぞら公民館……（沖縄県）8
- なよろ市立天文台……（北海道）70
- 新座市立自然科学館……（埼玉県）48
- 新潟県児童科学館……（新潟県）119
- 新居浜市市民文化センター……（愛媛県）104
- にしわき経緯度地球科学館「テラ・ドーム」……（兵庫県）58
- 日本科学未来館……（東京都）153
- 能代市子ども館……（秋田県）152
- 能美市根上学習センター……（石川県）

ハ行

- 八戸市視聴覚センター・八戸市児童科学館……（青森県）22
- 浜松科学館……（静岡県）86
- 半田空の科学館……（愛知県）90
- バンドー神戸青少年科学館……（兵庫県）105
- 東大阪市立児童文化スポーツセンター……（大阪府）101
- 東大和市立郷土博物館……（東京都）60
- 常陸大宮市パークアルカディア……（茨城県）34
- 日立シビックセンター科学館 プラネタリウム館……（茨城県）34
- 飛騨プラネタリウム……（岐阜県）152
- 人吉市カルチャーパレス……（熊本県）151
- 平塚市博物館……（神奈川県）106
- 姫路科学館……（兵庫県）65
- 弘前市文化センター……（青森県）23
- 広島市こども文化科学館……（広島県）116
- 福井県自然保護センター　観察棟……（福井県）76
- 福井県児童科学館……（福井県）129
- 福岡県青少年科学館……（福岡県）151
- 福岡市立少年科学文化会館……（福岡県）29
- 福島市子どもの夢を育む施設 こむこむ館……（福島県）100
- 福知山市児童科学館……（京都府）40
- 藤岡市みかぼみらい館……（群馬県）

藤沢市湘南台文化センターこども館・・・・・・・・・・・・（神奈川県）64
富士市道の駅 富士川楽座
　プラネタリウムわいわい劇場・・・・・・・・・・・・・・（静岡県）85
藤橋城・西美濃プラネタリウム・・・・・・・・・・・・・・（岐阜県）81
府中市郷土の森博物館・・・・・・・・・・・・・・・・・・・・・・（東京都）61
府中市こどもの国・・・・・・・・・・・・・・・・・・・・・・・・・・・・（広島県）115
船橋市総合教育センタープラネタリウム館・・・・・・・（千葉県）52
プラネタリアム銀河座・・・・・・・・・・・・・・・・・・・・・・・・（東京都）53
PLANETARIUM Starry Cafe
　（プラネタリウム スターリーカフェ）・・・・・・・・・（東京都）59
プラネタリウム ドーム中里 き☆ら○ら・・・・・・・・（新潟県）71
プレイパーク ゴールドタワー・・・・・・・・・・・・・・・・・（香川県）151
文化パルク城陽プラネタリウム・・・・・・・・・・・・・・・（京都府）98
ベネッセ・スター・ドーム・・・・・・・・・・・・・・・・・・・・（東京都）152
北斗市立上磯中学校・・・・・・・・・・・・・・・・・・・・・・・・・（北海道）153
北網圏北見文化センター・・・・・・・・・・・・・・・・・・・・・（北海道）9
星の村天文台・プラネタリウム館・・・・・・・・・・・・・（福島県）129
星の文化館・・・・・・・・・・・・・・・・・・・・・・・・・・・・・・・・・・（福岡県）153

マ行

前橋市児童文化センター・・・・・・・・・・・・・・・・・・・・・（群馬県）38
松本市教育文化センター・・・・・・・・・・・・・・・・・・・・・（長野県）79
松山市総合コミュニティセンター
　コスモシアター・・・・・・・・・・・・・・・・・・・・・・・・・・・・（愛媛県）120
三重県立みえこどもの城・・・・・・・・・・・・・・・・・・・・・（三重県）94
三島市立箱根の里・・・・・・・・・・・・・・・・・・・・・・・・・・・（静岡県）84
南阿蘇ルナ天文台・・・・・・・・・・・・・・・・・・・・・・・・・・・（熊本県）151
南房総市大房岬少年自然の家・・・・・・・・・・・・・・・・・（千葉県）50
南牧村農村文化情報交流館
　ベジタボール・ウィズ・・・・・・・・・・・・・・・・・・・・・・（長野県）152
三原市宇根山天文台・・・・・・・・・・・・・・・・・・・・・・・・・（広島県）116
宮崎科学技術館・・・・・・・・・・・・・・・・・・・・・・・・・・・・・（宮崎県）133
向井千秋記念子ども科学館・・・・・・・・・・・・・・・・・・・（群馬県）41
向日市天文館・・・・・・・・・・・・・・・・・・・・・・・・・・・・・・・（京都府）98
宗像ユリックス総合公園・・・・・・・・・・・・・・・・・・・・・（福岡県）128
村上市教育情報センター・・・・・・・・・・・・・・・・・・・・・（新潟県）70
室蘭市青少年科学館・・・・・・・・・・・・・・・・・・・・・・・・・（北海道）15
真岡市科学教育センター・・・・・・・・・・・・・・・・・・・・・（栃木県）37
最上広域市町村圏事務組合教育研究センター・・・（山形県）153
盛岡市子ども科学館・・・・・・・・・・・・・・・・・・・・・・・・・（岩手県）24

ヤ行

八ヶ岳自然文化園・・・・・・・・・・・・・・・・・・・・・・・・・・・（長野県）80
山形県朝日少年自然の家・・・・・・・・・・・・・・・・・・・・・（山形県）28
山口県児童センター・・・・・・・・・・・・・・・・・・・・・・・・・（山口県）117
やまぐち総合教育支援センター・・・・・・・・・・・・・・・（山口県）151
山中児童センター・・・・・・・・・・・・・・・・・・・・・・・・・・・（石川県）152
山梨県立科学館・・・・・・・・・・・・・・・・・・・・・・・・・・・・・（山梨県）77
山梨県立八ヶ岳少年自然の家・・・・・・・・・・・・・・・・・（山梨県）152
夢と学びの科学体験館・・・・・・・・・・・・・・・・・・・・・・・（愛知県）89
由利本荘市スターハウス コスモワールド・・・・・・・（秋田県）26
由利本荘市文化交流館カダーレ・・・・・・・・・・・・・・・（秋田県）25
横浜こども宇宙科学館・・・・・・・・・・・・・・・・・・・・・・・（神奈川県）63
横浜市立南高等学校プラネタリウム
　（はまぎん こども宇宙科学館）・・・・・・・・・・・・・・（神奈川県）63
吉川市児童館ワンダーランド・・・・・・・・・・・・・・・・・（埼玉県）152
四日市市立博物館・プラネタリウム・・・・・・・・・・・（三重県）153
米子市児童文化センター・・・・・・・・・・・・・・・・・・・・・（鳥取県）92
米沢市児童会館・・・・・・・・・・・・・・・・・・・・・・・・・・・・・（山形県）112

ラ行

ライフパーク倉敷科学センター・・・・・・・・・・・・・・・（岡山県）29
りくべつ宇宙地球科学館・・・・・・・・・・・・・・・・・・・・・（北海道）114
リナシティかのや 情報プラザ・・・・・・・・・・・・・・・・（鹿児島県）11

ワ行

和歌山県教育センター
　学びの丘 プラネタリウム・・・・・・・・・・・・・・・・・・（和歌山県）136
和歌山市立こども科学館・・・・・・・・・・・・・・・・・・・・・（和歌山県）108
和歌山大学 観光デジタルドームシアター・・・・・・・（和歌山県）108
稚内市青少年科学館・・・・・・・・・・・・・・・・・・・・・・・・・（北海道）107

157

全国プラネタリウムガイド

2015年6月5日 初版発行

日本プラネタリウム協議会 監修
恒星社厚生閣編集部 編

発　行　者　　片岡一成
印刷所・製本所　株式会社 シナノ
発　行　所　　株式会社 恒星社厚生閣

〒160-0008　東京都新宿区三栄町8
TEL：03(3359)7371(代)
FAX：03(3359)7375
http://www.kouseisha.com/

（定価はカバーに表示）

ISBN978-4-7699-1563-8　C0076

JCOPY ＜(社)出版者著作権管理機構　委託出版物＞

本書の無断複写は著作権法上での例外を除き禁じられています。複写される場合は、その都度事前に、(社)出版社著作権管理機構（電話03-3513-6969、FAX03-3513-6979、e-mail:info@jcopy.or.jp）の許諾を得て下さい。

Astronomy-Space Test

天文宇宙検定

さぁ！ 天文宇宙博士を目指そう！

主催：（一社）天文宇宙教育振興協会

協力：天文宇宙検定委員会／恒星社厚生閣

協賛：京都産業大学 ㈱セガトイズ ㈱ビクセン 丸善出版㈱

後援：千葉工業大学 （公財）日本宇宙少年団 （一財）日本宇宙フォーラム

詳細は Web で http://www.astro-test.org

天文宇宙検定 関連書籍

★公式テキスト
各B5判・フルカラー・定価（本体1,500円＋税）
- 4級 星博士ジュニア …天文学の基礎を学べる本。対象：小学校高学年〜
- 3級 星空博士 …教養としての天文学を身につけるための入門書。対象：中学生〜
- 2級 銀河博士 …宇宙工学や暦など、幅広い知識が身につく一冊。対象：高校生〜

★1級公式参考書 『超・宇宙を解く―現代天文学演習』
B5判・定価（本体5,000円＋税） 福江 純・沢 武文編
現代天文学の基礎から最先端の問題までを扱う演習書のロングセラー『新・宇宙を解く』を大改訂。理学部・教育学部理系の学部生をはじめ、大学レベルの現代天文学を自主的に学びたい方にもおすすめのテキスト。

★公式問題集
各A5判・定価（本体1,800円＋税）
- 4級 星博士ジュニア 3級 星空博士
- 2級 銀河博士 1級 天文宇宙博士

★公式問題集アプリ
（http://ukaru-app.com）

好評発売中

恒星社厚生閣 TEL：03-3359-7371 FAX：03-3359-7375 http://www.kouseisha.com/